身心灵魔力

品 / 格 / 丛

勤奋

少年辛苦终身事

郭龙江 ◎ 著

中国出版集团 现代出版社

图书在版编目(CIP)数据

勤奋:少年辛苦终身事 / 郭龙江著. —北京 : 现代出版社,2013.12
(身心灵魔力书系)
ISBN 978 – 7 – 5143 – 1868 – 5

Ⅰ.①勤… Ⅱ.①郭… Ⅲ.①散文集 – 中国 – 当代
Ⅳ.①I267

中国版本图书馆 CIP 数据核字(2013)第 313626 号

作 者	郭龙江
责任编辑	刘春荣
出版发行	现代出版社
通讯地址	北京市安定门外安华里 504 号
邮政编码	100011
电 话	010 – 64267325 64245264(传真)
网 址	www.1980xd.com
电子邮箱	xiandai@ cnpitc. com. cn
印 刷	北京兴星伟业印刷有限公司
开 本	700mm × 1000mm 1/16
印 张	13
版 次	2019 年 4 月第 2 版 2019 年 4 月第 1 次印刷
书 号	ISBN 978 – 7 – 5143 – 1868 – 5
定 价	39. 80 元

P 前 言
REFACE

为什么当今时代的青少年拥有幸福的生活却依然感到不幸福、不快乐？怎样才能彻底摆脱日复一日的身心疲惫？怎样才能活得更真实、更快乐？

许多人一踏上社会就希望一鸣惊人，名利双收地拥有一切。这样急功近利，不注重人生的积累，是难于起飞的；相反，能不辞辛苦地为自己拓展好助跑的跑道，从而争取优势不断发挥，才能逐渐使事业有所发展。那么给生命一个助跑的过程吧，这样，我们的人生就可以飞得更高。

一个人的成长、成熟、成功，其实是一个不断进行积累的循序渐进的过程，人的身上要拥有无穷大的潜力，主要靠平时的积累。助跑的过程其实就是让自己的潜力得到极致发挥的一种措施，就是为了让自己跑得更快、跳得更高、跳得更远。可以说，助跑的过程是一个漫长的过程，但没有这个过程是不可能最终获得成功的！我们每天都在积累，我们每天都在助跑，因为我们的心中有一个目标！

越是在喧嚣和困惑的坏境中无所适从，我们越觉得快乐和宁静是何等的难能可贵！其实"心安处即自由乡"，善于调节内心是一种拯救自我的能力。当人们能够对自我有清醒认识，对他人能宽容友善，对生活无限热爱的时候，一个拥有强大的心灵力量的你将会更加自信而乐观地面对现实、面向未来。

　　本丛书将唤起青少年心底的觉察和智慧,给那些浮躁的心清凉解毒,进而帮助青少年创造身心健康的生活,来解除心理问题这一越来越成为影响青少年健康和正常学习、生活、社交的主要障碍。本丛书从心理问题的普遍性着手,分别描述了性格、情绪、压力、意志、人际交往、异常行为等方面容易出现的一些心理问题,并提出了具体实用的应对策略,以帮助青少年读者驱散心灵的阴霾,科学调适身心,实现心理自助。

C目　录
ONTENTS

第八章　有志者　当勤奋

第一章
做一个勤奋的人

我们世界上最美好的东西,都是由劳动、由人的聪明的手创造出来的。

——高尔基

勤劳一日,可得一夜安眠;勤劳一生,可得幸福长眠。

——达·芬奇

你想成为幸福的人吗? 但愿你首先学会吃得起苦。

——屠格涅夫

灵感不过是"顽强的劳动而获得的奖赏"。

——列宾

勤奋是人生的必修课

既勤奋又勤勉的劳动者并不多见，人们对逐渐和缓地完成一件大事而感到惊讶。勤奋与和缓是取得成功的最好标准。如果有任何其他的方式，那是非常罕见的。如果一个人既不优秀、又不明智、也不富有，但是，只要他慢慢攀登这些小山，前景就会得到改观，直至最后攀至峰顶。现在，学会一种美德，然后，谴责一种恶习。

一个人养成每天用一小时学习的习惯，他会从中受益的。能耐心赚取小利润的人，则很快会繁荣发展壮大；赚钱越轻松，利润也会越丰厚。因此点点滴滴的积累，最终会获取智慧宝藏的。上帝想让人类完成大事，那也必须是逐渐发展壮大的，勤奋和勤勉是上帝留给人类的必修课。

勤奋而专心地读最好的书，是获得广泛的思想财富的方法；与最精明和最聪明的人交往，通过与其交往，你会得到提高；不要把时间浪费在懒散、不相干的唠叨或无用的琐事上。人们在导游的陪同下，观光游历自己的城市和国家的同时，也要参观其他城市和国家，而且还要善于观察；要有观赏艺术和自然界奇观的好奇心；不但要向他人学习，而且要亲自学习和探索事物；不仅要通晓书本知识，而且要了解人类文化；不但要尽可能多地直接了解所有的事物，而且要尽量用你的思想来表现事物，绝非仅仅表现的是他人的思想；这样，如同宏伟的建筑一样，展现在别人面前的你和你的灵魂是活生生的真迹，而不是赝品。

用最合适的方法来留住那些你获取的思想宝藏；因为，除了努力和劳动能强化记忆以外，大脑会淡化遗忘许多记忆。

特别重要的一点是，要加倍呵护地收藏和保护好它们。这些思想珍品要么给你永恒的幸福，要么适合你生活的特殊身份和职业。虽然前面介绍了认识事物的一般性原则，然而那只是人类需要的一般和肤浅的认识。这些认识与人类自身所特有的事物无关；但是，你很有必要更详细准确地认识那些涉及你生活职权和责任，或涉及他人幸福的事情。

魔力悄悄话

用丰富的思想武装自己，通晓古今之事；自然、民间和宗教之事；家庭与国家之事；国内与国外之事；现在、过去和未来之事；重要的是，要了解你自己；掌握动物本性和你自己的情绪活动状况。

比天赋更重要的是勤奋

孩子大多有各自的爱好。对于孩子的爱好，只要是无害的，家长就应该予以尊重并加以培养，使之对于孩子的健康成长和全面发展更为有益。

孩子的不同爱好，或有益于身体的健康，或有益于智力的开发，或有益于个性形成，或有益于情操的陶冶。

望子成龙的家长们，只有尊重和发展孩子的正当爱好，方有遂愿的可能。

粗暴地对孩子的爱好加以干涉是家庭教育的失误。

清代咸丰年间有个武官叫张曜，因苦战有功，被提拔为河南布政使。

他自幼失学，没有文化，常受朝臣歧视，御使刘毓楠说他"目不识丁"，因此改任他为总兵。

张曜从此立志要好好读书，使自己能文能武。张曜想到自己的妻子很有文化，回到家要求妻子教他念书。

妻子说：要教是可以的，不过要有一个条件，就是要行拜师之礼，恭恭敬敬地学。

张曜满口应承，马上穿起朝服，让妻子坐在孔子牌位前，对她行三拜九叩之礼。

从此以后，凡公余时间，都由妻子教他读经史。每当妻子一摆老师的架子，他就躬身肃立听训，不敢稍有不敬。

与此同时，他还请人刻了一方"目不识丁"的印章，经常佩在身上自警。

几年之后，张曜终于成为一个很有学问的人。

后来，他在山东做巡抚时，又有人参他"目不识丁"。他就上书请皇上面试。

面试成绩使皇上和许多大臣都大为惊奇。因为他勤奋好学，死后皇帝谥他为"勤果"。

丁俊晖是当今中国最著名的台球手，曾被誉为台球神童，连续挫败了包括史上最伟大的台球手亨得利在内的 3 位前世界冠军，不仅让世界职业排名赛冠军榜上有了中国人的名字，而且还成为职业台球界持外卡夺冠第一人。

丁俊晖夺冠给中国台球运动带来了一个新的发展时代。

丁俊晖从一个台球"神童"一步步成长壮大，最后登上了英国人发明并长期垄断的这项运动的顶峰，离不开父母的引导和丁俊晖本人的执着追求。

丁俊晖不仅能吃苦，对台球的悟性也较高，10 岁时就能一杆上百分，特别是他打球时的那种深沉内敛、从容不惊、骨子里谁都不服的气质令亨得利惊叹。

1987 年 4 月 1 日中午，丁俊晖出生在宜兴的一户普通人家里。第一次接触台球时，丁俊晖只有 8 岁，正上小学一年级。

一天下午放学后，丁俊晖路过他家楼下小卖部时，看见了一张很奇怪的桌子，说奇怪是因为好好的桌子上竟然有几个大洞，而且还铺着地毯，桌子上放着几个五颜六色的球。

很久没玩过玻璃球的丁俊晖一时兴起，踮起脚摸到一个球就像玩玻璃球一样用力一抛，飞快滚动的球撞到了其他的球，结果其中一个被撞到的球竟然滚进了洞里。就这样，丁俊晖完成了人生第一次的"一杆入袋"。

自从丁俊晖迷上打台球后，父母以为小孩子只是玩玩而已，时间一长也就腻了，没想到丁俊晖越来越迷恋台球，简直到了一发不可收拾的地步，父亲丁文钧也逐渐发现孩子在台球上的天赋，于是开始刻意地配合孩子。

丁俊晖小学的班主任曾经对丁俊晖迷恋台球的事情与他的父亲谈过，出乎意料的是丁俊晖父亲的回答是支持儿子打台球。为了打好台球，圆自己打败当时世界台球第一人亨得利的梦，丁俊晖10岁就基本远离学堂。

1998年，丁俊晖父子搬到广东时，每人每顿吃的是2元钱的快餐。这段时间是最艰苦的日子，但是这对父子从未放弃。此时的丁俊晖小学还未毕业，到广东后学习了几年。

2001年，丁俊晖初一还未读完时，就彻底辍学了，因为他需要更多的时间进行台球训练和比赛。

刚到广东时，丁文钧一家长期住在一间环境较差的工人宿舍里，生活条件十分艰苦。虽然丁文钧文化水平不高，但他对丁俊晖的教育丝毫不含糊，他教育儿子从小要有正义感，要勤奋节约，先做好人，再打好球。

艰苦环境中长大的丁俊晖从小就很刻苦，不服输。

丁俊晖成名后，包括国外媒体在内的很多人都把丁俊晖称为"中国神童"，但在丁爸爸的眼里，台球领域，勤奋远比天赋来得重要，就像昆明"丁俊晖台球俱乐部"墙上的那句话——"平凡中的坚持！成功"。

父亲认为，儿子取得现在的成绩主要还是因为他的勤奋，小时候丁俊晖每天练球的时间都在8个小时以上，在他看来苦与累甚至枯燥乏味都是值得的，时至今日他依然如此，因此在同行中他有"第一吃苦球手"之称。

在教育孩子的过程中，为了培养孩子的自信心和学习的积极性，许多家长经常夸奖孩子聪明，这其实并不算是一个十分明智的举动。

聪明属于先天的特质，长期肯定孩子聪明，可使孩子逐渐形成过于良好的自我感觉，使自己对自我的认识和评价与自己的实际能力发生偏离，并且只有成功的打算，没有失败的准备，必然会反复遭受失败的打击。而且孩子一旦认为自己聪明，就会认为努力不重要，靠着自己的小聪明来应对一切。

魔力悄悄话

最重要的是父母要肯定孩子的勤奋和努力。在对孩子的成就进行归因的时候，智力属于不可控制因素，是孩子自身无法改变的，但是努力与否却是孩子可以控制的，因此把孩子的成就更多地归于勤奋，让孩子意识到只有聪明加上勤奋，才会有所成。

勤奋：付出更多的努力

如果我们的地位得到根本的提升，通常会表达为"像火箭那样升起和像棍子那样落地"，但是，没有勤奋工作和学习，是很难实现的。年轻人普遍认为努力与天赋不共戴天，因为担心别人认为自己反应迟钝，所以他们认为有必要继续保持无知。为了说明那些给人们留下最深刻印象和才华横溢的天才，最伟大的诗人、演说家、政治家和历史学家，实际上与字典的编撰者和索引编写者一样都在努力地工作着。他们优越于其他人的最显著的原因是他们比其他人付出了更多的努力。

每个冬季和夏季的早上 6 点钟，吉本都在学习；伯克是人类中最勤劳努力和不知疲倦的人；莱布尼兹从未离开过他的藏书室；帕斯卡因为学习劳累过度而致死；西塞罗因为相同的原因幸勉躲过一死；米尔顿就像经商和当律师那样有规律地专心学习，他掌握了当代的所有知识；霍默也是如此；拉斐尔只活了 37 岁，但是，在他短暂的人生中，他的绘画艺术水平却达到了独一无二、无与伦比的高度，从而成为后续者的楷模。

化学家道尔顿总是否定自己是"天才"一说，他把自己取得的一切成绩都简单地归功于勤勉和长期的积累。

前辈迪斯雷利认为所有成功的秘诀在于精通专业，持之以恒的努力和学习。当有人问牛顿是用什么方法想出那么奇妙的发现时，他谦虚地回答："勤于思考就会成功。"

训练有素和具备工作素养，是获得成功的关键。技能源于苦练，不勇于实践就一事无成。坚持不懈的努力会使最平凡的事情产生神奇的效果。拉小提琴似乎是件容易的事情，然而却需要长期苦练。一位青年问基阿迪尼，学会拉小提琴要多长时间，他说："每天练习 12 小时，连续 20 年。"

伟大的女芭蕾舞演员泰格利欧尼，正在准备晚上的演出。每天都要上两小时他父亲的课程。这个课程是高强度的，通常这个时候，她会累得筋疲力尽、毫无知觉地倒下去，甚至连脱衣服、洗澡这样的事情都要由别人帮忙完成，直到最后她慢慢苏醒。只有付出这样高昂的代价，才能取得成功。勤奋不及一半者几乎是不可能成功的。然而，一般来说成功的进展是非常缓慢的，短期内是不可能创造出奇迹的。在循序渐进的发展中，只有立足于根本之处，我们才能不断完善自我。有句谚语说得好："懂得如何等待是成功的秘诀。"先播种，然后才是收获；我们需要耐心等待收获，果实的成熟往往也是最值得慢慢等待的。东方谚语说："时间和耐心会把桑叶变成丝绸。"

通常情况下，人生最大的成就是用最简单的方法和平凡的努力获得的。日常平淡的生活、生活必需品、对生活的忧虑，以及种种生活责任，为获得最好的成功经验，提供了充足的机遇。并且，日常生活为真正的工作者，提供了自我完善的空间和机会。人类的幸福之路就是坚定不移地沿着做好事而大步前行，在我们心里，那些最真挚而又坚毅的人，总能取得成功。

魔力悄悄话

只要坚持不懈地努力，就会成功。尽管有时我们可能会过高估计成功近乎崇拜的程度，不过任何有价值的追求都是值得的。成功应具有的素质也不必与众不同。一般情况下，也许应该把成功的素质概括为两个方面——常识和毅力。

勤奋的人生才能辉煌

人生在世，没有一种痛苦是属于自己的，所以，没必要悲观失望。生活在这个世界，没有一个人是没有痛苦的，没有一个人是不会流泪的。痛苦对每个人而言，只是一个过客，一种磨炼，一番考验。面对痛苦，不要一味难过，而要振作精神，发愤图强。人生路上，痛苦是难免的，不要丧失信心，坚信苦尽甘来。时光老了人心淡了，计较少了快乐多了，压力少了轻松多了，抱怨少了舒心多了，自卑少了自信多了，攀比少了自在多了，复杂少了简单多了。人有器量便有快乐，人有修养便有气质，人有爱心便是善良，人若淡然便能从容。随意心情才能平静，勤奋的人生才能辉煌，豁达的生活才能幸福。

不是为了吃苦我们才来到这个世界上的，也不是为了痛苦我们才生活在这个世界上的。所有的人生都着眼于幸福，所有的生活全是为了美好。我们努力辛苦付出，为的就是幸福，不要把大好的时光消磨在痛苦之中。人生苦短，痛苦也是一生，快乐也是一世，流泪不能解决问题，痛苦不能改变现实，你好家人才好。有时沉默无语，有时冷眼旁观，并不是因为说过什么，也不是因为做过什么，而是发现自己根本就不愿说，不愿做。当假话成为真话，夸大成为时尚，面对现实我们还能说什么，道什么。当一个社会说假话容易，说真话困难时，人们常常都是无语。因为，真话不能说，假话不愿说，于是，沉默就是最好的选择。

人生总是无奈，生活总是无情。也许，你期待的总是不能如愿，你渴望的总是不能实现，你执着的总是无缘。你所追求的都是让你伤心的，你所努力的都是让你痛心的，你奇怪无奈，感伤无情。其实，谁的人生都一样，你看到的只是别人的辉煌，没看见别人的失望。相信你的努力，也会慢慢变成辉煌。月缺时，悄悄告诉自己，人生就是这样。总有低谷，总有坎坷给自己一个微笑，就是一份洒脱。月圆时，暗暗告诫自己，人生不能得意，总有挫折，总有失败，给自己一个警示，淡然就是一份美好。人生就是一个圆缺的过程，起起伏伏，坎坎坷坷，缺了要自信，圆了要清醒。强者，就是含泪也会微笑奔跑。

曾以为路是对的，就不害怕遥远，只要上下求索，终可得偿所愿。只要认准是值得的，就不吝啬付出，相信精诚所至，顽石亦能开出花朵。可天意常会弄人，有时路走着走着，已不是昔人昔景，有时坚持久了，世界已悄然沧海桑田。行至尽头再回望，人生如白驹过隙，有些人其实不必等，有些事无须太较真。有些情慢慢就会明白，有些理渐渐就会懂得，人生既没有我们想象的那样美好，也没有我们想象的那样糟糕。平凡，简单，间或也有伤心，原来才是我们真实的人生。快乐与否取决于我们计较的多少，伤心与否取决于我们在意多少。很多情形在于环境，也在于我们自己的心境，尽心则心定，尽情则情静。

魔力悄悄话

在不断地离合悲欢中，我们渐渐明白，生命就是一个不断放弃、更新的过程，记住那些曾经的感动，遗弃那些酸楚的伤痛。所以，勤奋的人生才能辉煌，豁达的生活才能幸福，让我们在前行中继续自己的人生，快乐的生活！

从勤奋中打发时间

一天有二十四小时，一生也有六七十年岁月。在这一段漫长的人生里，如何去打发时间，这是个很重要的问题。社会上的一般人，用吃、喝、玩乐去打发时间，做一些无聊的事，来消磨岁月，这实在是非常没有意义的。各位都是有为的青年，当然不会如此，那么，该如何打发时间呢？我认为应该从勤劳奋发中去打发时间。

前几天，一位公司的董事长和我讲了几句话。他说："以我现有的财产，即使我一天用十万元，我活一百年，也用不完。我有很多钱，可是我还在工作，我是贪求无厌吗？不是的，我是以做事业来打发时间的。"

他这段话，使我们了解一个人，唯有在工作，生命才有办法安住，人也活得才有意义。没有工作是很无聊，也很乏味的。

那位先生又说："我的钱虽然很多，但是自奉节俭，我不抽烟、不喝酒，不去娱乐场所。下班回家，就是一杯清茶，看看报纸，如此而已，一天过去，第二天又带着饱满的精神开始工作。"

这些话，使我领悟到社会上一个成功的企业家，他们之所以能成功，绝不是从安逸享乐中得来，而是从不停的勤劳奋斗中获得的。

佛教本来就是讲求奋斗，讲求进取的。六波罗密中，有精进波罗密，是菩萨成佛的六种重要法门之一，佛经里有关勉励精进的故事相当多。我们的教主佛陀成道的经历，就是精进的最佳事例。据说，本来弥勒菩萨是比佛陀早学佛的，但是由于佛陀的精进力与勇猛心，超过弥勒的境界，终于先成了佛。佛陀的这个事例，实在是佛子的最佳典范。

在佛光山佛学院的学生，每个人都要轮流打扫、典座、出坡、劳动服务，这样的安排，并不是非要大家为佛光山担当，而是具有另一层意义，要使学生们的生活用工作来充实，从工作中去修道、去体会，发挥生命的力量，发挥生命的意义。对于这一点，凡是对教育有认识的人，看到这样的教育方式，没有一个不称赞的。反而有很多人说："这样的教育，才契合新生活教育。"不过，学院教育方针虽然如此，但是，如果各位不带着欢喜心去从事工作，不带着认真的态度去奋发图强，也就枉然了。因此，年轻人必须要自己从勤劳奋斗中去创造光明，从勤劳奋发中去完成自己的理想。

魔力悄悄话

我们可以把一切工作，当作磨炼自己身心的机会，让我们的生命能做最有意义的发挥，让我们的生命能有最充实的内容，虽然人的生命才几十年，但是我们可以利用短暂的生命，来完成具有无限价值的事业。

人生路上需勤奋

你想成为幸福的人吗？但愿你，首先学会勤奋。你想拥有勤奋吗？但愿你，请别浪费时间。因为，时间是幸福的链条，一生为你滚出无限的幸福。

世界上最宝贵的除了良好的心理素质外，还有一个东西，那就是勤奋。

最宝贵的勤奋，不光是身体上的勤奋，而是精神上的勤奋。勤奋靠的是毅力，是永恒。

文学家说，勤奋是打开文学殿堂之门的一把钥匙；科学家说，勤奋能使人聪明；政治家说，勤奋是实现理想的基石；而平凡的人则说，勤奋是一种传统的美德。可见，勤奋富有多么巨大的底蕴与魅力，人类如果丢弃了它，绝对不行。

勤奋是走向成功的唯一途径。没有它，天才也会变成呆子。成功 = 艰苦劳动 + 正确方法 + 少说空话。

世界上最美好的东西，都是由劳动、由勤快的双手创造出来的。勤奋的劳动，可以获得丰硕的成果。要想在仕途中成功的收获，还须我们一双勤劳的手。

自古以来功成名就的人，都离不开一个"勤"字。人的一生在于勤，勤能补拙，不劳无获，勤劳可得，不勤则饥，不勤则愚。人生之路上，以勤为径，焉得幸福，还须苦行舟。勤劳一日，可得一夜之安眠；勤劳一生，可得幸福之长眠。

自古以来学有建树的人，都离不开一个"苦"字。吃得苦中苦，方为人上人。宝剑锋从磨砺出，梅花香自苦寒来。人生的大道上荆棘丛生，生活之路上烽烟滚滚，只有意志坚强而勤奋吃苦的人，才可以在笑中达到目的地。

人生不向前走，不知路远；人生不得勤奋，不明智理。天才源于勤奋，蠢人出自懒惰，明智之人甘当勤奋的小蜜蜂。勤奋，是智慧的双胞胎，懒惰，是愚蠢的亲兄弟。

勤奋的人，擅于利用时间，懒惰的人，总是没有时间。勤奋，是时间的主人，懒惰，是时间的奴隶。人的一生忙碌，忙碌才能体现价值，赢取向往的收获。

世界之中，没有任何动物会比蚂蚁更勤奋，然而，它却最沉默寡言。如果每一条路上的人们，都能学学做蚂蚁，那么，碌碌无为的人即将远离。春天不播种，夏天就不会生长，秋天就不能收割，冬天就不能品尝。人类要在竞争中生存，便要勤奋，要在社会中发展，便要奋斗。古往今来，任何的成功与收获，无不是脚踏实地，艰苦卓著，勤奋辛劳的结果。

我们绝不鄙视勤奋。只有勤奋，你才可以采摘到收获。我们每个人身上都扛着一把采摘丰收的阶梯，那就是勤奋。手懒的，要受穷；手勤的，得以富足。要想拥有富足，就必须无畏的攀登，像登山运动员攀登珠穆朗玛峰一样，要克服无数前进中的艰难与险阻。懦夫和懒汉，是不可能享受到丰收果实的喜悦和拥抱富足而幸福的。

通向面包的小路，蜿蜒于勤奋劳动的沼泽之中，通向衣裳的小路，从一块无花的土地中穿过。无论是通向面包的路，还是通向衣裳的路，都是一段需要勤奋与艰辛的历程。

青春的光辉，理想的实现，生命的意义，乃至于人类的生存与发展……全都包含在这两个字之中——勤奋！

只有勤奋，才能治愈贫穷的创伤；只有勤奋，才能闪耀幸福的光环；只有勤奋，人类才能看到希望和光明的前程。

闪光的人生由勤奋打造，智慧的人生由勤奋堆积，伟大的人生由勤奋炫耀，平凡的人生由勤奋夯实，坚强的意志和承受的能力通过勤奋得以深化，这乃是立足于每一时代的根本。勤奋不是嘴上说说而已，而是实际的行动，在勤奋的苦度中持之以恒，永不退却。

魔力悄悄话

韩愈说："业精于勤，荒于嬉；行成于思，毁于随。"在人生途上，我们毫不迟疑地选择勤奋，她是世界上一切成就的催产婆。只要我们拥着勤奋去思考，拥着勤奋的手去耕耘，用抱勤奋的心去对待工作，浪迹红尘而坚韧不拔，那么，我们的生命就会绽放火花，让人生的时光更加的闪亮而精彩。

勤奋与捷径

世界上任何事情付出以后才能有回报，所以人一定要勤奋。那么，人应该怎样付出，往哪里付出？这一点很重要，勤奋的道理也一样。所谓走捷径或找机会就是讲这个道理。因为一个人的时间有限，精力有限，脑力也有限。老天爷是公平的，对每个人的时间也是一样的，你用在什么地方，或一段时间内在什么地方付出，回报就会出现在那里。

要专心做一件事。由于人的时间、精力、脑力有限，老天对每一个人的时间是公平的，一天24小时大家都一样。所以当你在一生或一段时间内选择一两个目标时，就应该把所有时间、精力、脑力用在这方面。社会上有一些专才或专家，他们连一般的生活常识也不十分清楚，但他们对某些专业方面比一般人都在行。这就是因为他节约了其他付出的时间，专心做一二件事，他们在这一两个方面花的时间比其他人多得多，所以成功了，在这方面有了比人家更多的回报，这也是一种捷径。

我看到一些人，当你在谈论或与他讲一些与他无关的话题时候，他的脸上没有一点反应，也不接一句话，好像根本没有听见，这种人很知道节约时间、精力和脑力。少与他人讨论没有意义的事情也是一种节约。这种人容易成为成功者。所以最好的方法就是在一阶段专心做一件事，其他不重要的事情放一放，完成以后再设定一个新目标。

在这个竞争激烈的社会中，最终结果是少数人赢了多数人，冠军只有一个，金字塔永远是上面小下面大。做生意也是这样，少数人赚了多数人的钱。那么，在商场上就出现一个奇怪现象，当多数人做同一件事，或想同一件事的时候，他们往往成为输家，其实他们做的、想的都不错，错在他们成为金字塔的多数面，市场经济的规律就是物以稀为贵。

当人们可以大量生产名牌汽车以后，你用手工生产一台100年前的老爷车肯定比名牌汽车要卖得贵。发财致富是人人的梦想，不过只有那些不断制造新产品、设计新服务的人，才能成为新一代的富人，所以现在流行的"反向思维"、等都是讲这个道理。运用金字塔原理也可能是一种捷径，当多数人做同一件事，哪怕他们是对的，你也反做；当多数人想同一件事，哪怕他们有道理，你也反想；当多数人举手赞成某一件事，哪怕他们符合常理，你应考虑反对。但是这种思维方式尽可能用在商场，因为如果在生活和社会中采用，你会很痛苦，你会与大家不能相处。何必呢，人也应该放弃一些非原则的东西，随大流而生活，有得应该有失，关键你要什么。

跟着成功者走。跟着人家走要比自己探索更省力，这也叫走捷径。所以最好的办法就是跟着成功者走，这样就少走弯路，这叫贵人指路。但是不同的人，优点和特长不一样，人的运气也不一样。有些人官运好，他的优势会做官。如果你想做官，那么你就跟着他，向他学习，你也会成功。有些人财运好，很会赚钱，如果你想赚钱，那么你就跟着他，向他学习，你也会成功。

魔力悄悄话

有些人读书好，你如果能够跟着他，你的成绩也会好。根据这一道理，你可以走捷径。

脑子勤最重要

脚勤不如手勤，手勤不如口勤，口勤不如耳勤，耳勤不如眼勤，眼勤不如脑子勤。脑子勤最重要。在这世界上确有些看似不合理的地方，有些人一生拼搏、一生勤奋，就是回报很少；而有些人坐坐办公室，接接电话，吃吃饭能赚大钱，于是有人称它为命。"三分命，七分拼搏"命确实在，但同样拼搏，拼搏方式却不同。劳力者跑来跑去，白辛苦、白忙，我们说因为跑不到点子上。

手勤的人能有一技之长，比白跑要好一点。会问会学的人，比盲目动手的更好，可以学人家一技之长。但是生活中有本事的人往往不肯把本事交给你，要付学费。有一句话叫听话听音。所以会听音比问更重要。

在人类事物中，观察的功能又比听更广泛，习惯观察的人一般来讲，肯定是一个成功者，而且是成功最低、效果最好的学习者。然而所有这一切都不如自己勤动脑子。

以前有一句话，讲劳心者治人，讲劳力者治于人，或许也是讲这个道理。其实劳心者比劳力者更辛苦，劳心者时时要付出，没有上班时间的限制，特别在竞争压力很大的今天。而劳力者就是上班时间付出。同样拿踢足球来说，用脚踢足球的人与用眼睛踢足球的人不一样，要脑踢足球和用心踢足球的也不一样，当然结果也不一样。

用眼睛看东西只能看到一面或二面，用脑子看东西就能够看到六面，上下左右前后。同样用脑子，有人只有想一步二步，有人能够想五步六步，而且能够成为习惯。所以一个成功者的习惯就是在开口问的时候，先用自己的脑子想一想，自己有了答案以后再问，问人仅仅是与人家确定一下，头脑长在自己的肩膀上，而不在人家的肩膀上。

挫折是财富，失败是机会。懂得这个道理的人就更少，因为人人讨厌挫折和失败。在角斗场上，那些打不倒的人是真正的勇士，他们一直战到死，很厉害，使人看到害怕，所以他们成功的机会比人家多。同样在商场上那些打不倒的人也是最能够成功，一次又一次经历失败和困难，但是还是打不倒，这种人很厉害，总有一天会成功，老天很公平，总会给他们机会。

美国人具有不屈不挠的精神，创业失败后还不断尝试，这是美国经济动力的源泉。20 世纪在 80 年代，日本在经济上超过了美国，把美国许多大的楼房和公司全买下来，还有一种说法就是讲要把美国的自由女神披上日本人的和服，但是美国人没有讲什么卖国主义，抵制日货，而是拼命发展高科技，最后又把老大拿回来，再用更低的价格从日本人手里把那些楼房和公司全买回来。

一个人，或者一个国家、企业文化如果在失败和挫折时候，不去讲理由、不讲人家的不是、不埋怨天和地，而是埋头去奋斗，那么这个人、国家和企业就是成功者。在天地之间，没有人、没有做什么事情不会遇到失败和挫折的。哪个伟大人物没有经过失败和挫折，几起几落？哪个富翁没有经过失败和挫折？所以成功者把失败和挫折作为是人生必须经过的驿站，在达到终点站之前必须经过失败和挫折的对驿站。

魔力悄悄话

成功者应该经常要讲一句话：没有人能够打败你，只有你自己。失败是暂时的，除非你放弃，否则你只要坚持下去，总有一天会成功。

第二章
勤奋的人生最精彩

艺术的大道上荆棘丛生，这也是好事，常人望而却步，只有意志坚强的人例外。

——雨果

没有任何动物比蚂蚁更勤奋，然而它却最沉默寡言。

——富兰克林

在每一条路上都有成百上千的人在勤奋。

——法莱塞

不要心平气和，不要容你自己昏睡！趁你还年轻，强壮、灵活，要永不疲倦地做好事。

——契诃夫

话说吃苦耐劳

吃苦耐劳是发财致富、获取成功的秘诀，也是每一位渴望走向成功的人应该具备的基本素质。有道是"苦尽甘来"。当一个人通过勤劳苦干，让自己的能力提高到了一定的程度时，自然有各种发展机会降临。

对王永庆稍有了解的人应该都知道：王永庆并没读过多少书，从小在米店当学徒，后来一步步发迹，成为闻名世界的"塑料大王"。那么，王永庆成功的秘诀是什么呢？

四个字——"吃苦耐劳"。这也是他自己说的。

小时候，王永庆家里十分贫穷。由于他在兄妹中排行老大，从小就担负着繁重的家务。6 岁起，每天一大早就起床，赤着脚，担着水桶，一步步爬上屋后两百多级高的小山坡，再赶到山下的水潭里去汲水，然后从原路挑回家，一天要往返五六趟，十分辛苦。不过，这也锻炼了他的耐力。

小学毕业后，为了维持一家人的生计，王永庆没有继续去上初中，而是来到嘉义一家米店当学徒。在那待了大概一年，他的父亲见他有独立创业的潜能，就向亲戚朋友借了两百块钱，帮他开了一家米店。

米店虽小，但王永庆精心经营着。为了建立客户关系，他用心盘算每个客户的消耗量，比如一家十口人，每月需大米 20 公斤，5 口之家就是 10 公斤，他按照这个数量设定标准，当他估计某某家的米差不多快吃完了的时候，就主动地将米送到顾客家里。这种周到的服务一方面确保顾客家中不会缺米，另一方面也给顾客提供了方便，尤其是那些老弱病残的顾客更是感激不尽，自从买过王永庆的大米后，再也没到别家米店去买过米。

当然，王永庆这样送米上门，由于诸多原因，不一定当时能及时拿到米款，但王永庆不以为然，他想，对于大多数领薪水的人来说，没到发薪之日手头也没有几个钱，于是他牢记每个在不同机构上班的顾客，每月是哪一天领薪水，就在那一天去收米款，结果十有八九都能让他满意而归。

王永庆是一个胸怀大志的人，单独卖米，他并不满足，为了减少从碾米厂采购的中间环节，增加利润，他增添了碾米设备，自己碾米卖。在王永庆经营米店的同时，他的隔壁有一家日本人经营的碾米厂，一般到了下午5时就要停工休息，但王永庆则一直工作到晚上10点半，所以，结果是：紧邻的那家碾米厂的业绩总落后于王永庆。

王永庆正是由于具有此种吃苦耐劳的精神，后来在经营台塑企业时便变得得心应手，即使遭遇挫折，也能坦然面对。取得成功，成名之后，王永庆深有体会地说："对我而言，挫折等于是提醒我——某些地方疏忽犯错了，必须进行理性分析，以作为下次处事的参考与借鉴，这样便能以正确的态度面对人生所不能忍的挫折，并从中获益，挫折的杀伤力就等于锐减了半，因此，我成功的秘诀就是四个字——吃苦耐劳。"

"吃得苦中苦，方为人上人。"这句流传千百年的至理名言告诉我们一个这样的道理：吃苦耐劳也是成功秘诀。那些能吃苦耐劳的人，很少有不成功的。这是因为苦吃惯了，便不再把吃苦当苦，能泰然处之，遇到挫折也能积极进取；怕吃苦，不但难以养成积极进取的精神，反而会采取逃避的态度，这样的人当然也就很难成功了。

"吃不了苦"是时下年轻人的一种通病，他们总是对目前的工作感到不满，总想找一个既轻松又能赚大钱的工作。结果往往是好机会没有降临，宝贵的年华却虚度了。

理论知识只是构成能力的一个方面，而不是全部，如果不愿吃苦，就积累不了足够多的实际经验，就不知道理论知识具体该怎么用，所以，对于刚出道的人来说，唯有以勤补拙，任劳任怨，迅速提高自己的实际操作能力，才有发展前途，就像幼鸟练飞一样，先别嫌窝巢太小，经过勤练，把翅膀练硬了，自然海阔天高，任我翱翔。

魔力悄悄话

那些刚走出大学校门的青年，总以为自己有了高学历，有了丰富的理论知识，就等于具备了获取成功的一切因素，也就不用再吃苦了，殊不知，这是一种误解，学历、理论知识并不代表能力。

勤奋有成

勤奋是在日常生活中实现人生目标的途径。常言说，书山有路勤为径，学海无涯苦作舟。当确定了人生的目标以后，就需要将这个目标作为参照物，用实际行动来逐步向其靠拢，使其能够在不久的将来得以实现。无论这个目标是来自哪里，是别人的倡导还是自己所确立，是属于短期的还是长期的，只要是处于合情合理的范围，不会对自己和别人的利益造成损害，就可以在现有基础上寻求帮助创造条件，向既定目标继续前进。并且通过采取必要的措施，使这种向目标趋近的过程继续进行下去。

古人倡导勤奋的精神，认为业精于勤而荒于嬉。无论是学业还是事业，都必须有勤奋精神来作为使其成功和延续下去的手段。只满足于眼前的舒适安乐，则会消磨人的意志，荒废了学业，也丢掉了可以成功的机会，而使自己处于不利的境地。人们常说的三百六十行，行行出状元，就是勤学苦练不懈努力的结果。在有见识的人眼中，勤既能生巧，又能补拙，即便是当初手足无措显得笨拙不到位的人，经过长时间认真的勤学苦练以后，也会在娴熟的动作中有机会施展出才能，成为行业中的佼佼者。

人们通常所说的勤，就是要在面临该做的事情时，尽力多做或不断地做，至少也要多次或是经常地去做。对于做学问的人来说，要嘴勤手勤腿勤，随时向比自己高明的人学习，既能诲人不倦也能够不耻下问。有志于展示自己超凡脱俗能力的人，需要通过勤学苦练来掌握所需要的技艺，并有所成就。以前种地的人也常以人勤地不懒来说明干活勤快的好处。善于勤俭持家的人，则会精打细算量入为出，将家中事务管理得井井有条，而让周围的人非常羡慕。在现代生活中常见的电脑文字录入和处理，就需要对键盘的键位非常的熟悉，手指也要非常灵活，以至于不必察看键盘也能快速准确地打出需要显示的文字。这样出类拔萃的手艺同样需要经过长期刻苦的练习，才会达到令人满意的程度。当然也应当考虑到事情的重要程度，按照轻重缓急的排列顺序区别对待。用循序渐进的方式，让自己应对复杂事物的能力得到稳步的提高。

在竞争激烈的现代社会，要在摩肩接踵人才济济的情况下，谋得一份让自己感到满意的职业，来实现人生的价值，无疑是很耗时费力的事情。因此预先的知识经验的积累，以及才艺的储备，就成了时常要关注的内容。能够在激烈的竞争中脱颖而出，得到自己希望的职位，与先前的不懈努力，以及其后的真实表现，有很大的关联性。

由于在正规的招聘程序外，有时还有才艺方面的展示过程，所以在应聘的时候，有才艺的人往往会相对具有优势的地位。当然这种才艺也是经过多年的艰苦努力才得来的。尽管在补习班里的经历有时候让人难以赞同或是不愿回忆，但是有了被人认可的才艺，则会使自己还有另外的选择余地，让今后的生涯具有更大的灵活性。

古往今来，人们都看重勤奋的人。很多人为了要过上美好的生活，希望自己拥有精巧娴熟的技艺，也能在许多场合中同样地勤奋。有人由于追求效率而模仿古人，采用了老式的有损于身体健康的竞争手段。然而勤奋的目的在于提高生活的质量，而不是紧张之余的添伤加病。据说长时间的劳累困顿，会改变人的生理状态，引发疾病或是影响到以后的寿命。作为希望事业有成，并且希望还能长寿的人，就需要适当关注自己的健康状况，对作息时间和要接触的内容作出必要的调整。保持健康的身体状态，是维持现有水平，继续深造和发展，并在竞争中获胜的必要前提。为了争强好胜逞一时之能，而超越了身体所能承受的极限，将会给自己带来不必要的伤痛。有些时候，有所不为，才会有所为。所以在实现人生目标的过程中，也应当注意到尺度方面的问题。在才学技艺等相关领域，既能达到全面发展，也有适当的偏爱和侧重。

在力所能及的基础上，与往昔的懒惰告别，才会在人生的道路上，拥有灿烂的前景。

魔力悄悄话

从很早的时候起，人们就形成了这样的共识，那就是要想生活得好，就要舍得付出时间和精力，来完成自己该做的事情，也就是人不能得过且过而要勤奋。

做一个努力的人

许多人因为给自己定的目标太高太功利难以成功而变得灰头土脸，最终灰心失望。究其原因，往往就是因为太关注拥有，而忽略做一个努力的人。对于今天的孩子们，如果只关注他们将来该做个什么样的人物，不把意志品质作为一个做人的目标提出来，最终我们只能培养出狭隘、自私、脆弱和境界不高的人。遗憾的是，我们在这方面做得并不尽如人意。

有一次，在我参加的一个晚会上，主持人问一个小男孩：你长大以后要做什么样的人？孩子看看我们这些企业家，然后说：做企业家。在场的人忽地笑着鼓起了掌。我也拍了拍手，但听着并不舒服。我想，这孩子对于企业究竟知道多少呢？他是不是因为当着我们的面才说要当企业家的呢？他是不是受了大人的影响，以为企业家风光，都是有钱的人，才要当企业家的呢？

这一切当然都是一个谜。但不管怎样，作为一个人的人生志向，我以为当什么并不重要；不管是谁，最重要的是从小要立志做一个努力的人。

我小的时候也曾有人问过同样的问题，我的回答不外乎当教师、解放军和科学家之类。时光一晃流走了二十多年，当年的孩子，如今已是四十出头的大人。但仔细想一想，当年我在大人们跟前表白过的志向，实际一个也没有实现。我身边的其他人差不多也是如此。有的想当教师，后来却成了个体户；想当解放军的，有人竟做了囚犯。我上大学时有两个同窗好友，他们现在都是我国电子行业里才华出众的人，一个成长为"康佳"集团的老总，一个领导着 TCL 集团。我们三个不期而然地成为中国彩电骨干企业的经营者，可是当年大学毕业时，无论有多大的想象力，我们也不敢想十几年后会成现在的样子。一切都是我们在奋斗中见机行事，一步一步努力得来的。与其说我们是有理想的人，不如说我们是一直在努力的人。

并非我们不重视理想，而是因为树雄心壮志易，为理想努力难，人生自古就如此。有谁会想到，十多年前的今天，我曾是一个在街头彷徨、为生存犯愁的人。当时的我，一无所有，前途渺茫，真不知路在何处。然而，我却没有灰心失望，回想起来，支撑着我走过这段坎坷岁月的正是我的意志品格。当许多人以为我已不行、该不行了的时候，我仍做着从地上爬起来的努力，我坚信人生就像马拉多纳踢球，往往是在快要倒下去的时候"进球"获得生机的。事实也正是如此，就在"山重水复疑无路"的时候，香港一家企业倒闭给了我东山再起的机会，使我能够与掌握世界最新技术的英国科技人员合作，开发技术先进的彩色电视机，从此一举走出困境。

魔力悄悄话

志向再高，没有努力，志向终难坚守；没有远大目标，因为努力，终会找到奋斗的方向。做一个努力的人，可以说是人生最切实际的目标，是人生最大的境界。

勤奋造就智慧

"一分耕耘，一分收获"。一个人所获得的报酬和成果，与他所付出的努力有着极大的关系。运气只是一个小因素，个人的勤奋才是创造事业的最基本条件。在积累知识上也要讲究勤奋。

学习的敌人是自己的满足

有这样一种现象：人们第一次成功相对比较容易，第二次却不容易，这是为什么？一位集团老总曾经说过这样意味深长的话："往往一个企业的失败，是因为它曾经的成功，过去成功的理由是今天失败的原因。"任何事物发展的客观规律都是波浪式前进，螺旋式上升，周期性变化。你现在可能有很高的地位，可能拥有很多的财富，具有渊博的知识，但是当你想要获得更大成功的时候，你一定要有一个归零的心态。只有心态归零你才能快速成长，才能学到更多的成功方法。

哈佛教授常教导哈佛学子：成功，并不只是战胜别人，更在于战胜自己。你唯一能够改变的就是自己，你不可能也不可以去阻止别人的进步。而改变自己的唯一途径就是努力学习，通过学习你可以提高自己的能力，从而改变外在的处境与地位。

一个对知识和技能马马虎虎，不把精力放在自己身上的人，失败是必然的。那么怎样才能学习知识与技能，怎样才能战胜自我呢？答案很简单，那就是努力学习。

只有不断用心学习，才能达到持续更新、持续发展的高境界。有很多成功者，时时都在扩充自己的学识与经验，从不浪费时间，凡是与他们的事业有关的信息，他们都会积极地学习、吸收，纳为己用。这些是他们成功的秘诀所在。不断努力学习逐步积累起来的学识与经验，是成就事业的资本，它将使你终生受用。你要储存这些资本，就必须集中精力、毫不懈怠、长年累月地去学习。要抓紧时间刻苦学习，不要让你的人生充满空虚和遗憾。

勤奋能战胜一切困难

爱因斯坦曾经说过："在天才和勤奋之间我毫不迟疑地选择勤奋。"卡来尔指出："天才就是无止境地刻苦勤奋的能力。"

海伦·凯勒是美国的著名的女作家。小的时候生了一场大病，使得她双目失明，耳朵也失去了听觉。当海伦7岁时，她的父母为她请来了一位教师，帮助她学习。可是，海伦看不见，也听不见，怎么学呢？这对于一个7岁的孩子来说是多么的残忍，然而她强烈的求知欲望感染了老师。

所以这位教师想了一个办法：先拿一个洋娃娃给她玩，然后在她的手心上，写上洋娃娃这个词儿，这样海伦就知道了什么叫洋娃娃了。至此，海伦很快就喜欢上这种学习的方法。从此以后，海伦就用这个办法学习，她一个一个地记，日积月累，她学会了不少的词，然而现实的困难可想而知，但是她还是每天坚持、勤奋地学习，从不放过任何学习的机会。终于她成为一位举世闻名的作家。

严格执行学习计划

勤奋学习还体现在严格执行学习计划，养成定时定量的学习习惯。定时学习是完成学习计划的前提。定时学习，包含两层意思：一是每天必须保证必要的学习时间，到了该学习的时候马上学习。人脑也像机器一样，功率是一定的，不可能在极短时间内把大量的学习内容输入到大脑里去。因此，学习需要长流水不断，"不能一口吃个胖子"，"不能一锹挖个井"，讲的都是这个道理。因此说，定时学习是完成学习计划的前提。

定量学习是完成学习计划的保证。学习计划是通向学习目标的道路，定量地完成学习计划，就等于在这条道路上不断前进。在计划的指导下，当知识的量达到一定程度时，便到达了目标。

没有量的积累，就不会有质的飞跃。知识积累的总量是由每日、每时学习的分量累加起来的。受学习规律的制约，获取知识的日分量值只能是 $0 \sim L$，L 为英语 Limit（极限）词的缩写，表示人在一天之内所能获取知识量的最大值。尽管这个值是因人而异的，但对于大多数人而言，差异不大。

魔力悄悄话

勤奋属于珍惜时间的人，属于脚踏实地、一丝不苟的人，属于坚持不懈、持之以恒的人，属于勇于探索、勇于创新的人。

勤奋是成功的资本

空白的生命是僵硬的、丑陋的，生命之所以美丽，是因为勤奋耕耘。只有勤奋能使生命保持活力，加速生命的运动和发展，从而实现心中的梦想。

自身的劣势并不可怕，可怕的是缺少勤奋的精神。勤奋是一笔价值远远超过金子的财富，金子虽然珍贵，但金子是不会失而复得的。纵然你有黄金万两，但若一味挥霍，就会坐吃山空，总有穷困的一天，唯有勤劳才是永不枯竭的财源。美国前总统克林顿并不算是天才人物，但他能登上美国总统的宝座，与他个人的勤奋和磨炼不无关系。

克林顿的童年很不幸。他出生前4个月，父亲就死于一次车祸。他母亲因无力养家，只好把出生不久的他托付给自己的父母抚养。童年的克林顿受到外公和舅舅的深刻影响。他自己说，他从外公那里学会了忍耐和平等待人，从舅舅那里学到了说到做到的男子汉气概。

坎坷的童年生活，使克林顿形成了尽力表现自己，争取别人喜欢的性格。他在中学时代非常活跃，一直积极参与班级和学生会活动，并且有较强的组织和社会活动能力。他是学校合唱队的主要成员，而且被乐队指挥定为首席吹奏手。

1963年夏，他在"中学模拟政府"的竞选中被选为参议员，应邀参观了首都华盛顿，这使他有机会看到了"真正的政治"。参观白宫时，他受到了肯尼迪总统的接见，不但同总统握了手，而且还和总统合影留念。

有了目标和坚强的意志，克林顿此后31年的全部努力，都紧紧围绕着"成为总统"这个目标。上大学时，他先读外交，后读法律——这些都是政治家必须具备的知识修养。离开学校后，他一步一个脚印：律师、议员、州长，最后达到了政治家的巅峰：总统。

人生来都希望自己在一个平和顺利的环境中成长，但上帝并不喜爱安逸的人们，他要挑选出最杰出的人物，于是他让这些人历经磨难，千锤百炼终于成钢。一个人若想有所成就，那么苦难就成为一道你必须超越的关卡。就像神话所说的那样，那条鲤鱼必须跳过龙门，才能超越自我的境界。人生又何尝不是如此！

勤奋是走向成功的必备条件。勤奋进取不仅是一种精神，还是人们落在实处的行动。有人说，古罗马人有两座圣殿，一座是勤奋的圣殿，一座是荣誉的圣殿。他们在安排座位时有一个顺序，即必须经过前者才能到达后者的位置，也就是说勤奋是通往荣誉的必经之路。

在现实生活中，有许多人掌握的知识远远多于一些成功的人，但这些人没能像成功者那样勤勤恳恳、扎扎实实地工作，没能把自己的才能和潜力发挥出来，所以也就没能取得成功。成大事者必须勤于努力，因为勤奋能彻底改变一个人，提高一个人的知识和能力。

年轻的约翰·沃纳梅克算不上命运的宠儿，由于出身贫寒，他接受教育和获取知识的机会都是很有限的。然而，他是一个肯刻苦钻研、勤奋工作的人。起初，他在费城找到一份书店售货员的工作，每天都要徒步4英里到书店去上班。尽管报酬很低，每周仅有20美元，但他总能兢兢业业地对待自己的工作，每天把柜台擦得干干净净，把书籍摆放得整整齐齐，并且时刻带着微笑面对每一位顾客。同时，他也利用业余时间，从书中不断汲取知识的琼浆来充实自己，他这种勤奋刻苦的精神感动了许多人。后来，他又进入一家制衣店工作，每周多加了20美元的工资。他更加刻苦努力地工作，到了40多岁的时候，他成了一个颇有成就的商人。

哈佛学子中流传着这样一句话："现在流淌的口水，将成为明天的眼泪。"在生活中，许多人都会有很好的想法，但只有那些在艰苦探索的过程中付出辛勤劳动的人，才有可能取得令人瞩目的成就。

在这个世界上，到处都有一些看来很有希望成功的人，他们的身上有着非凡的品质。眼中也闪烁着智慧之光。但是，他们最终并没有成功，原因就在于缺乏勤奋的精神。而那些资质一般，又没有什么特别能力的人，因为能够通过勤奋弥补自身的不足，并且坚持不懈，所以成就了自己的辉煌。

魔力悄悄话

辛勤是生存的需要，也是生命的意义所在。劳动的人充实、自信，时常能感到"幸福的疲倦"。懒惰的人失落、萎靡，即使衣食无忧也不能感到幸福。勤奋是到达卓越的阶梯。如果你是一名懒惰者，那么，就永远不会和卓越有任何关系。

勤奋的人能够获得成功

犹太人认为，勤奋和成功是相互依存、互为表里的，一般来说，勤奋造就成功，而懒惰却足以毁掉一个资质非凡的人。

虽然勤奋并不一定能成功，但无论如何也要勤奋，因为这是走向成功的最基本条件。

在犹太人心中，成功的背后定有辛苦。远古犹太人要吃果实，就得爬到很高的树上去摘；要生火，就必须花相当长的时间去摩擦石头或木头。因此《圣经》中有两句话：

"流泪撒种的，必欢呼收割。"

"那流着泪出去的，必要欢欢乐乐地带禾捆回来。"

犹太人认为，勤奋或懒惰不是天生的，很少有人一生下来就是懒虫，也很少有人是天生的勤奋者，大多数人的勤奋或懒惰都是后天的，是习性所致。

此外，孩童时期的家庭环境以及所受的教育，对人的影响也很大。勤奋有两种：一种是自愿的勤奋，另一种是外力强迫的勤奋。

在贫穷的年代里，犹太人在非常恶劣的环境中，必须长时间从事繁重的劳动，否则，便没有办法生存下去。犹太人认为这是自愿的勤奋。

犹太人在埃及受奴役期间，曾经在田里从事长时间的劳动，劳动量大得惊人。

但是，辛勤工作的结果并没有使他们的生活获得改善，那是因为这些辛勤不是他们自愿的，而是由于外力强迫的原因。如果勤奋是由外力强迫的，那么就永远不会取得成功。

外力强迫的勤奋对人自身绝不会有作用，因为一旦外力消失，这种勤奋就不会存在了。

自愿的勤奋较易产生出自己的东西，从而逐步培养自己。时间一长，就能确立一个完整的自我。

有这样一个故事：

罗马皇帝哈德良看见一个老人正在努力工作，种植无花果树。

"你是否期望自己能够享受果实？"他走上前去问道。

"如果我不能活到享受果实的那个时候，我的孩子们将会享受到，或许上帝会特赦我。"老人回答说。

"如果你能够得到上帝特赦而享受到这树的果实，那就请你告诉我。"皇帝说道。

时光飞逝，果树果然在老人的有生之年结出了果实。老人将无花果装了满满一篮子来见皇帝。

见到皇帝时，他解释说："我就是你看见过的那个种无花果树的老人。这些无花果是我劳动的成果。"

皇帝命人拿来一把金椅子，让他坐下，然后把他的篮子装满了黄金。

"您为什么给一个老犹太人那么多荣誉啊？"大臣们不解地问道。

"造物主给勤劳的他以荣誉，难道我就不能做同样的事吗？"皇帝反问道。

老人的隔壁住着一个邻居，他妻子得知老人获得金子的消息后，就对丈夫说："皇帝爱吃无花果，给他点无花果，他就会给你金子。"

丈夫听从了妻子的话，提着装满无花果的篮子来到皇宫，要求换取金子。

手下人报告皇帝，皇帝非常愤怒："让这个人站在皇宫门口，每个进出的人都可以向他脸上扔一个无花果。"

黄昏时，这个可怜的人回到了家里，浑身又青又肿。"我要把我得到的全给你!"他冲妻子喊道。

在犹太人看来,懒惰是诱惑的温床、疾病的摇篮、德行的坟墓。

勤奋能使我们保持头脑清醒,身体健康,内心完美,事业成功。

魔力悄悄话

　　如果你确实有才的话,勤奋将会增进它,如果你只有平凡的才能,勤奋也可以补足它。也许你听说过有些聪明人很懒惰,但你却不曾听说伟人很懒惰。

做好今天的工作

如果你以前有过失败，检查一下，是否因为自己不够勤奋，没有全力以赴的行动而使你的目标未能实现？因为未能全力以赴的行动而失败的人很多，看看你周围的一些失败者，行动散漫，一心多用，不能有效地抓住一个目标，不管他们多聪明，如果不能全力以赴地行动，他们亦终生平庸，难以成就大业。

如果你想成功卓越，你就要全力以赴，把你所有的力量都拿出来，全力以赴去行动，一个目标一个目标地去攻克，一个小问题一个小问题地去解决，直至实现你的大目标。

人们在没有取得相当经验之前，是绝对没有十全十美的规划和蓝图的。

即便是有相当丰富经验的人，在制定一个新的目标和计划时，也不可能完美，也不会有百分之百的把握。

因为目标与现实之间，存在许多不可预测的变化因素，存在一些与设想预测不符的情况。

许多人失败，是因为胆小，害怕某些不可预测的因素和与预测不相符合的情况。而成功卓越者，凭着勇气和毅力，用实际行动去打破那些不可预测的因素，碰到与预测不相符合的新问题，就采取行动加以解决。

一个人多次碰壁而不退缩，接连进行 10 次推销而不怕讨人嫌，另一个人略遭挫折即退避三舍，前者远比后者更易成功。

事实上，世界永远在变化，这个条件成熟了，另外一个条件可能在变化，永远没有万事俱备又不缺东风的时候。如果什么事都要"条件具备"才去行动，那将永远一事无成。诸葛亮还要采取行动去借东风呢！

的确，采取行动会有些风险，它可能给你带来成功，也可能带来失败。然而，只要你能采取行动，失败就可能变为成功。如果你不行动，风险更大，因为你可能一辈子成为庸人而葬送自己的一生。

一次失败，不要紧，人们可以通过采取新的行动去变失败为成功，而终生退缩的人，却无药可救！

所以，以勇毅取胜，立即行动，才是事业成功的上策。这也是所有成功卓越者的重要素质。

世界上到处是一些看来就要成功的人——在很多人的眼里，他们能够并且应该成为这样或那样非凡的人物——但是，他们并没有成为真正的英雄。原因何在？

原因在于他们没有付出与成功相应的代价。他们希望到达辉煌的巅峰，但不希望越过那些艰难的梯级；他们渴望赢得胜利，但不希望参加战斗；他们希望一切都一帆风顺，而不愿意遭遇任何阻力。

懒汉们常常抱怨，自己竟然没有能力让自己和家人衣食无忧；勤奋的人会说："我也许没有什么特别的才能，但我能够拼命干活以挣取面包。"

由此，我们不难看出，勤奋是一所成功之人必须进入学习的高贵的学校。

在这里你可以学到有用的知识，独立的精神得到培养，坚韧不拔的习惯也会得到养成。勤奋本身就是财富。你是一个勤劳、肯干、刻苦的员工，就能像蜜蜂一样，采的花越多，酿的蜜也越多；你享受到的甜美也越多。

勤奋能使人成为幸运的宠儿，上帝对勤奋给予一切，那么我们就趁今天与懒惰告别。能在今天做好的工作，切莫拖延。

勤奋是无价之宝。培养儿女勤劳的习惯，比留给他们一大笔财产要强得多。有勤劳的手脚与灵敏的头脑，财富便可随时得到。当我们工作得乏力的时候，就该立刻重温"不勤劳即饥寒"的箴言，以免被怠惰的魔鬼诱惑。

魔力悄悄话

懒惰无益，勤奋有功；勤奋使做事容易，懒惰则使做事困难。许多人为生命在耽于安逸中度过而愁苦——我们做得越多，便越能做。

掌握好勤奋的尺度

我们强调的效率是指掌握良好的工作方法，而不是延长工作时间。有些人非常繁忙，似乎有许多事情要做，他们也常常为了完成任务而拼命加班，但所有的时间管理专家都不鼓励你为完成工作任务而延长工作时间，因为那样只会把工作的战线越拖越长，提高时间利用率、提高工作效率才是正确的解决之道。整天像一只无头苍蝇一样忙个不停的人是不会有高效率的。

我们提倡在工作中提高效率，更快更好地完成任务，并不是说要以延长工作时间，甚至是牺牲自己的休息时间为代价。强迫自己工作，只会耗损体力和创造力。解决这一问题的关键仍是找对方法。找到了合理的工作方法，不但能够保证工作高效地完成，还能从中享受到工作的乐趣。我们需要时间暂时工作，而且要经常这么做。每当你放慢脚步，让自己静下来，就可以和内在的力量接触，获得更多能量，重新出发。一旦我们能了解，工作的过程比结果更令人满足，我们就更乐于工作了。

曾经有三个年轻人结伴出行，寻找发财机会。在一个偏僻的小镇，他们发现了一种又红又大、味道香甜的苹果。由于地处山区，信息、交通等都不发达，这种优质苹果仅在当地销售，售价非常便宜。

第一个年轻人立刻倾其所有，购买了 10 吨最好的苹果，运回家乡，以比原价高两倍的价格出售。这样往返数次，他成了家乡第一个万元户。

第二个年轻人用了一半的钱，购买了 100 颗最好的苹果苗运回家乡，承包了一片山，把果苗栽了下去，整整3年时间，他精心看护果树，浇水灌溉，没有一分钱的收入。

第三个年轻人找到果园的主人，用手指指着果树下面，说："我想买些泥土。"

主人一愣，接着摇摇头说："不，泥土不能卖。卖了还怎么长果？"他弯腰在地上捧起满满一把泥土，恳求说："我只要这一把，请你卖给我吧？要多少钱都行！"

主人看着他，笑了："好吧，你给一块钱拿走吧。"他带着这把泥土，返回家乡，把泥土送到农业科技研究所，开垦、培育出与那把泥土一样的土壤。然后，他在上面栽种了苹果树苗。10年过去了，这三位结伴外出寻求发财机会的年轻人命运迥然不同。

第一位购苹果的年轻人现在每年依然还要购买苹果，运回来销售，但是因为当地信息和交通已经很发达，竞争者太多，所以赚的钱越来越少，有时甚至不赚钱或者赔钱。

第二位购买树苗的年轻人早已拥有自己的果园，但是因为土壤的不同，长出来的苹果有些逊色，但是仍然可以赚到相当的利润。

第三位购买泥土的年轻人，他种植的苹果果大味美，和山区的苹果相比不相上下，每年秋天引来无数购买者，总能卖到最好的价格。

从这三个年轻人的经历里，我们可以看到，三个人面对着同样的机遇，同样采取了行动，不过想法的差异却使三个人的行动产生了不同的结果。做多做少并不是衡量成功与否的标尺，行动的效率才是最有意义的标准。每个行动的力量，不是强大就是软弱；而当自己每个行动都变得强大有力时，你就能让自己变得富有。

勤奋造就高效，高效产生业绩，业绩成就员工。美国小说家马修斯说："勤奋工作是我们心灵的修复剂。是对付愤懑、忧郁症、情绪低落、懒散的最好武器。有谁见过一个精力旺盛、生活充实的人，会苦恼不堪，可怜巴巴呢？"

　　成功的机会不会白白降临到你的身上，只有勤奋工作，反复试验的人才有机会获得成功。但遗憾的是，意识到这一点的人并不多，大多数人早已养成了懒惰拖延的习惯。随时都想着"还有明天"，何来工作效率？想想你在工作中，是不是也常常存在这样主观上的懒惰思想？

　　松下幸之助说："忙碌和紧张，能带来高昂的工作情绪；只有全神贯注工作才能产生高效率。"仔细分析一下，在工作当中，有哪些事情是你最喜欢拖延的，那么现在就下定决心，将它改善。不管是天资奇佳的雄鹰，还是资质平庸的蜗牛，能登上塔尖，俯视万里，都离不开两个字——勤奋。只有勤奋，才有效率和业绩。

魔力悄悄话

　　犹豫和拖延的习惯是一个人实现目标的阻碍。工作就跟围棋比赛一样，每一步都有时间限制，超时了，你就自动出局吧。职场就是战场，你不冲就是死路一条。即使你天资一般，只要勤奋工作，就能弥补自身的缺陷，最终成为一名成功者。

第三章
靠勤奋挖掘潜能

学习是劳动，是充满思想的劳动。春天不播种，夏天就不会生长，秋天就不能收割，冬天就不能品尝。

——乌申斯基

游手好闲的学习并不比学习游手好闲好。

——约·贝勒斯

有教养的头脑的第一个标志就是善于提问。

——普列汉诺夫

早晨要撒你的种，晚上也不要歇你的手。

——《旧约全书》

勤奋造就天才

爱迪生说:"天才是99%的汗水加1%的灵感。"一句话道出了天才之所以成为天才的真谛。

孩提时代的达·芬奇聪明伶俐,勤奋好学,兴趣广泛。达·芬奇从小就展现出了绘画天赋,他画的小动物惟妙惟肖。5岁的时候,他就能凭记忆在沙滩上画出母亲的肖像。

可在达·芬奇刚开始跟老师佛罗基奥学习绘画的时候,佛罗基奥就只拿来一个鸡蛋让他画,一连好多天都是如此。达·芬奇终于不耐烦了,问老师原因,老师严肃地说:"你以为画鸡蛋很容易?要知道,在一千个鸡蛋中,没有形状完全相同的,每个鸡蛋从不同的角度去看,形状也不一样。我让你画鸡蛋,就是要训练你的眼力和耐心,使你能看得准确,画得熟练。"

达·芬奇听从了老师的话,开始用心画鸡蛋。他发现,即使是同一个蛋,由于观察角度不同、光线不同,它的形状果然不一样。从此以后,达·芬奇在画室里静心地研究鸡蛋的明暗变化关系,他画了一张又一张的鸡蛋素描,练就了绘画的基本功,并发现了明暗渐进画法。他废寝忘食地训练,夜以继日地学习各类艺术与科学知识,为他以后在绘画和其他方面取得卓越的成绩打下了坚实的基础。

达·芬奇在他的老师佛罗基奥的工作室里度过了6个年头,成长为欧洲文艺复兴时期杰出的代表。

达·芬奇用他勤奋的一生书写了一个伟人的传奇。有人说他是天才，但是他的"天才"称号是他用勤奋争取来的。

卡耐基认为，对于想成大事的人来说，勤奋是最好的资本。只要你足够勤奋就能开发自己的潜能，发现自己的强项。任何一点点进步都是来之不易的，任何伟大的事业更不可能唾手可得。许多著名的科学家和艺术家的一生就是顽强拼搏、勤奋刻苦的一生。

贝多芬是德国著名的音乐家，然而他初学音乐的经历是痛苦的。由于母亲去世，父亲嗜酒如命，毫不顾家，两个弟弟年龄又小，照料家庭的重担落在了贝多芬的身上。他只得勤奋面对，一边挣钱养家，一边还要同嗜酒挥霍的父亲作斗争。

除此之外，强烈的求知欲又促使他多方面地求索。他设法到波恩大学旁听伦理哲学课，学习古典文学，阅读莎士比亚、歌德、席勒等人的作品，用多方面的知识丰富自己。

1824年5月7日这一天，贝多芬带领他的乐队演奏着他自己创作的《第九交响曲》。演奏完毕，他们所在的演出地区——维也纳的晚会会场响起了震耳欲聋的掌声，而贝多芬却一点也没有感觉到全场热烈的气氛。这是怎么回事？原来当时贝多芬已经听不见声音了。

面对命运的严酷打击，贝多芬没有屈服，他从痛苦和折磨中站了起来，他的心又重新回到希望和坚强这边，他还发誓要更加勤奋："我要向命运挑战！我要扼住命运的咽喉，不让它毁灭！"从此，他便努力编写乐曲，奋发向上。就这样，贝多芬战胜了病痛，创作了大量令人称绝的交响乐，以及其他一些音乐作品，成了一位举世闻名的大音乐家和作曲家。

勤奋成就梦想，再美好的愿望如果不付诸行动，不勤奋努力，也只是空想。贝多芬是天才，但更可贵的是他勤奋的品质。

任何一件事情的成功都来自勤奋和不懈的努力。"勤奋出天才"。

只要我们不懈努力，认准一个"勤"字，生活和学习中的许多困难都会迎刃而解。早动手、勤动手，将自己的先天不足用勤补回来。如果不通过自己的努力与勤奋，再美的想法也只能是空想。

天道酬勤。对人类历史的研究结果表明，在成就一番伟业的过程中，一些最普通的品格，如公共意识、专心致志、持之以恒等，往往起很大的作用。即使是盖世天才也不能小觑这些品格的巨大作用，更别说普通人了。

约翰·弗斯特认为，天才就是点燃自己的智慧之火，激发自己的潜能。波思认为，"天才就是耐心。"强项是靠勤奋来获取的，而不是天才的产物。事实上，真正伟大的人物只相信常人的智慧与毅力的作用，而不相信什么天才，甚至有人把天才定义为潜能升华的结果。

道尔顿是英国物理学家及化学家。他不承认自己是什么天才。约翰·亨特曾评论他道："他的心灵就像一个蜂巢一样，从外表看来是一片混乱、杂乱无章，到处充满嗡嗡之声，实际上一切都整齐有序。每一点食物都是通过勤劳在大自然中精心采集的。"道尔顿认为他所取得的一切成就都是靠勤奋、靠点滴积累而成的。翻一翻一些大人物的传记，我们可以发现，大多杰出的发明家、艺术家、思想家和各种著名的工匠，他们之所以能成大事，在很大程度上都归功于非同一般的勤奋努力。

卡耐基认为，凡是做出事业的人，往往不是那些幸运之神的宠儿，反倒是那些"没有天生机遇"的苦孩子。

失败者之所以失败，不是因为他们不具有和别人一样的能力，也不是没有人帮助他们，更不是没有人提拔他们，而是他们没有足够的勇气、敏锐的观察力、判断力，更没有苦干的精神。那些成功者则完全不同于失败者，他们只是迈步向前，他们依靠的是勤奋。现今世界需要但缺少的，正是那些能够脚踏实地，埋头苦干的人。所以，我们想成就自己的事业，想成为天才，那么，从现在开始每天多做一点点，勤奋起来，那么你会有意想不到的收获。

勤奋——少年辛苦终身事

那些勤勤恳恳工作的人总是不怕找不到可以经营的强项，正如优秀的航海家总能驾驭在大风大浪中前进的船一样。

走得慢且坚持到底的人才是真正走得快的人。

魔力悄悄话

谁能不停止勤奋的脚步，谁就能够发展自己的强项，挖掘自己的潜能，成就自身的伟业。

勤奋是实现理想的基石

文学家说，勤奋是打开文学殿堂之门的一把钥匙；科学家说勤奋能使人聪明；而政治家说勤奋是实现理想的基石。

众所周知，学习要靠勤奋刻苦。华罗庚先生说：科学的灵感，绝对不是坐等可以等来的。

如果说，科学上的发现有什么偶然的机遇的话，那么这种"偶然的机遇"只能给那些学有素养的人，给那些善于独立思考的人，给那些具有锲而不舍的精神的人，而不会给懒汉。

看来他是支持勤学的，而著名的戏曲表演艺术家梅兰芳老先生曾说："我是个拙笨的学术者，没有充分的天才，全凭苦学。"

诸如这类的名言还有许多，比如巴尔扎克说"天才的作品是用眼泪灌溉的。"

爱因斯坦说："我没有什么特别的才能，不过喜欢寻根刨底地追究问题罢了。"

那么，听了这些名人的话，大家是怎样认为的呢？

自古以来，多少仁人志士，因为勤学而成材，并留下许多千古的佳话，如"悬梁刺股""凿壁偷光"等。

我们所知道的故事中有《华佗学医》《诸葛亮喂鸡》《鲁班学艺》《李白铁杵磨成针》《王羲之吃墨》《张三丰创太极》等内容。这些都是我们所耳熟能详的历史人物，这些故事都是中华民族历史上勤奋学习的典范。

作为一名学生，我们应该学习那些人物，让那些人物成为你的榜样。

学习是有效的途径，只有学习好了，学懂了，学精了，才能有所作为。

而这些的前提就是怎么样学，怎样的学习方法铸就怎样的学习成果。

自古以来就有不少的名人墨客，他们是以独到的方法自我勉励，最终成材的。

套用一句，99%的勤奋+1%的汗水＝成功。

学海无涯。从小我们就在尝试着，什么样的方法是最适合自己的。

俗话说得好，勤能补拙，即使自己不是只聪明、机灵的鸟，也是可以笨鸟先飞的呀。那么，怎么飞呢？

虽然我也不是特别"勤"，但是一些好的想法、方法也是希望与大家一起分享的。

学而时习之，不亦乐乎

古人的这句话点明了学习中为之重要的一点，就是在学习了新课后，一定要复习今天所学的知识。不能认为这是浪费时间，没什么用。扎实的学习，比别人多费些时间，收益却是可观的。

学校是学习的场所

课堂是学生们学习的最重要途径。因此，一定要在课堂上全神贯注，绝不可在课堂上糊里糊涂，回家拼命用功。

在学习后，最好能相配做一些题目

不要多，但要精，拼命傻做题，并不代表你很勤奋，既没有效果，又浪费时间。少而精是最重要的。

中国的勤奋精神是可以追寻到古代的。作为一个中国人应该发扬这良好的学习精神。

不过，光有好的学习方法，而不去运用、不去实践，是不行的；而单一的勤奋学习，不分白天黑夜捧着书读，那迟早变成为"书呆子"。

魔力悄悄话

好的学习方法，要学习休息两不误。而这学习嘛，要你在学习中不断探索不断总结。勤学就是要告诉我们学无止境，要有良好的学习态度，虚心求教。

勤奋是成才的第一秘诀

有这样一幅图画：在一片葱郁的草地上，有六匹马正在咀嚼着青草，它们个个都长得十分雄健；可又有一匹马却躺在一片没有青草的荒地上睡着觉，瘦得是那么可怜。

无论我们做什么事情都不能懒惰，一定要勤奋。只有勤奋，将来才能成为一个对国家对社会有用的人才，否则，像那匹瘦马一样，整天懒惰，那么就永远也不能成为一个骏马良驹。

大发明家爱迪生，为了研究出理想的白炽灯丝，进行了上千次的实验，几乎所有的金属都被他试验过了，正是凭着这种勤奋刻苦的精神才取得了"白炽灯"的成功，成为世人仰慕的发明大王。几乎所有取得突出成就的人都有一部勤劳刻苦奋斗竞争的历史，绝少有靠投机取巧取胜的。可见任何成就的取得都是与刻苦勤奋分不开的。

高尔基说："天才出于勤奋"。卡莱尔说："天才就是无止境地刻苦勤奋的努力"。这些名人的经验之谈告诉我们，只有勤奋，才能成才。

我们每个人都站在同一个起跑线上。学校、家庭给我们的学习环境也是再好不过的了。可为什么有的同学学习好，而有的同学就学习不好呢？根本的问题就是看谁最勤奋，看谁掌握科学的学习方法。

谁不希望能为祖国的繁荣昌盛做出贡献，谁不希望自己能成为一个栋梁之材，那么，让我告诉你：勤奋才是成才的第一要诀。

一些有成就的人，都是勤奋者。勤奋是成才的必要条件。

天才其实就是包括几点，一、要有卓越的创造力；二、要有想象力；三、还要有一个突出的聪明智慧。具有这些素质的人大部分都是天才。

勤奋就是要不懈的努力，和后天形成的习惯与培养，与自己一如既往的追求理想有着密切的关系。

许多科学家在成材的过程中身居恶劣的环境，但他们勇于克服困难，终于取得了伟大的成就。

马克思说过："在科学得到路上没有平坦的大到可走，只有不谓劳苦在崎岖小路上攀登的人，才有希望达到光辉的顶点。"马克思为了写《资本论》，花费了 45 年的时间！

坚持不懈的努力，自然是"苦"事，但却是成功的必由之路。高尔基说过："天才就是劳动，人的天赋就像火花，它即可以熄灭，也可以旺盛的燃烧起来，而是它们成为熊熊烈火的方法，那就是劳动。"劳动就是勤奋，勤奋产生天才。

勤奋有为，博学多来源于勤奋忘我的劳动。只要我们在学习上舍的花力气用功夫，就必定能够用辛勤劳动的汗水和智慧浇开理想之花，获得真才实学。

苏联著名作家高尔基曾经说过："天才出自勤奋。"一个人只有不断努力，刻苦学习，才能取得成绩。

我国青年数学家陈景润为了摘取"皇冠上的明珠"，解决"哥德巴赫猜想"，坚持每天凌晨 3 点起床学外语，同时每天去图书室，沉浸在数学符号的海洋之中。有 3 天中午，管理员临走时曾大声喊叫，问里面是否还有人，但全神贯注看书的陈景润啥也没有听见，于是他被反锁在里面。后来他望着那紧锁的大门，毫不在意的微笑了一下，不觉饥饿，不知疲倦的重又回到书堆中。

陈景润正是由于这种勤奋，摘取了"皇冠上的明珠"，成为著名的数学家。

可是，也有少数人天资聪颖，但因为不努力，他的成绩、才智只能平庸落伍。

据《青年博览》刊载，少年大学生钱某，12 岁就会微积分，被认为神童。进了中国科技大学，他不参加学校统一安排的高中文化补习班，却只身到图书馆看他的微积分，一个月就声称已学完。平时，学生们去上课，他却在校园里野逛，成绩很快一落千丈。无奈，老师只得让他休学。休学一年，上学后一个时期故态复萌，他狂妄的认为在大学里学不到什么，经常拿气枪在校园里"巡猎"。最后学校只得让他退学。退学后当上了油漆工，从此钱某结束了"神童"的生涯。

魔力悄悄话

"勤能补拙是良训，一分辛苦一分才。"只有勤奋、上进，才会取得成绩。但是勤奋并不等于蛮干，也要讲求方法，只有方法适当，才能成功。因此，我们在学习中，应该勤奋、努力，这样才会取得好的成绩！

持之以恒才能成就事业

世上愈是珍贵之物，则费时愈长，费力愈大，得之愈难。即便是燕子垒巢、工蜂筑窝也都非一朝一夕的工夫，人们又怎能企望轻而易举便获得成功呢？大量的事实告诉我们：点石成金须有坚强的信念。

在美国科罗拉多州长山的山坡上，躺着一棵大树的残躯。自然学家告诉我们，它有过400多年的历史。

在它漫长的生命里，曾被闪电击中过14次，无数次暴风骤雨侵袭过它，都未能让它倒下。

但在最后，一小队甲虫的攻击使它永远也站不起来了。那些甲虫从根部向里咬，渐渐伤了树的元气。虽然它们很小，却是持续不断地进攻。

这样一棵森林中的巨树，闪电不曾将它击倒，狂风暴雨不曾将它动摇，却因一小队用大拇指和食指就能捏死的小甲虫凭借锲而不舍的韧劲而倒了下来。

从这个故事中，我们发现了一个人生的哲理：只要有强大的信念，以微弱之躯也可以撼大摧坚。

生活中，我们都可能会面对"撼大摧坚"的艰巨任务：运动员要向世界纪录挑战，科学家要解开大自然的奥秘，企业家要跻身世界强者的行列，就是普通人也会有一些困难的工作要去做。

莎士比亚说："斧头虽小，但多次砍劈，终能将一棵坚硬的大树伐倒。"

还有一位作家说过："在任何力量与耐心的比赛中，把宝押在耐心上。"小甲虫的取胜之道，就在恒心上。一位青年问著名的小提琴家格拉迪尼："你用了多长时间学琴？"格拉迪尼回答："20 年，每天 12 小时。"

俗话说得好："坚持不懈的乌龟快过灵巧敏捷的野兔。"如果能每天学习一小时，并坚持 12 年，所学到的东西，一定远比坐在学校里接受四年高等教育所学到的多。

正如布尔沃所说："恒心与忍耐力是征服者的灵魂，它是人类反抗命运、个人反抗世界、灵魂反抗物质的最有力支持。从社会学的角度看，考虑到它对种族问题和社会制度的影响，其重要性无论怎样强调也不为过。"

人类迄今为止，还不曾有一项重大的成就不是凭借坚持不懈的精神而实现的。提香的一幅名画曾经在他的画架上搁了 8 年，另一幅也摆放了 7 年。

发明家爱迪生说："我从来不做投机取巧的事情。我的发明除了照相术，也没有一项是由于幸运之神的光顾。一旦我下定决心，知道我应该往哪个方向努力，我就会勇往直前，一遍一遍地试验，直到产生最终的结果。"

凡事不能持之以恒，正是很多人最终失败的根源。英国诗人布朗宁写道：

实事求是的人要找一件小事做，找到事情就去做。

空腹高心的人要找一件大事做，没有找到则身已故。

实事求是的人做了一件又一件，不久就做了一百件。

空腹高心的人一下要做百万件，结果一件也未实现。

要成功，就要强迫自己一件一件地做，并从最困难的事做起。

有一个美国作家在编辑《西方名作》一书时，应约要撰写 102 篇文章。这项工作花了他两年半的时间。加上其他一些工作，他每周都要干整整七天。

他没有从最容易阐述的文章入手，而是给自己定下一个规矩：严格地按照字母顺序进行，绝不允许跳过任何一个自感费解的观点。另外，他始终坚持每天都首先完成困难较大的工作，再干其他的事。事实证明，这样做是行之有效的。

凡事只有不甘寂寞、脚踏实地地去做，才能把理想落实为行动。成功的果实是辛勤的汗水浇灌在寂寞的根上长成的。果实就意味着付出，意味着要吃苦。正如一句名言所说，机会只留给有准备的人。

她，是一位伟大的女科学家；她，得过两次诺贝尔奖；她，日夜守在实验室中……她，就是居里夫人玛丽·居里。

玛丽·居里夫人一生得了几十项荣誉，这些荣誉都出自她的勤奋。她在小时候就对物理化学有着浓厚的兴趣，经常做些小实验，长大后就坚持研究，几乎每时每刻都在自己的实验室中，寸步不离。

她和丈夫一起发现了镭和钋这两种元素。她经历了种种失败。她呕心沥血，坚持不懈。而且她视名利如粪土，把奖金捐出，把奖牌给小孩玩，教育孩子也不要看重名利。

她一生中之所以能取得最伟大的科学功绩，不仅是靠着大胆的直觉，而且也靠着在难以想象的极端困难情况下工作的热忱和顽强，这样的困难，在实验科学的历史中是罕见的。

这让我不禁想到了古代有个叫的方仲永的孩子，5 岁写诗，文采，道理都具备。别人请他作诗，他父亲没让他学习，一直作诗，最后成了普通人。仲永天资聪颖，但后天不勤奋，最终没有成才。

我身边勤奋的事例也不少。就说咱们班的魏豪吧，他脑袋也生得并不特别，但他从小就十分刻苦努力的学习，数学已经自学到高中，唐诗宋词也已经滚瓜烂熟，各科成绩都十分优异。别说在我们班可谓是鹤立鸡群，在我们学校也是名列前茅。

而我呢，爸爸从小就说我人很聪明，就是不努力。说来也对，我虽然上很多兴趣班，可是在家里一不做题，二不复习。

为什么从一年级到六年级，这短短的六年就有这么大的差距呢？差距就是来自一天一天的松懈。我也要学习他们的勤奋，不能太懒。要减少兴趣班，同时要培养我自己的学习能力，我还要自己去探索知识。不能像弹簧一样，拉一拉，动一动，而要争取更自主学习，我也要从现在做起，勤奋学习。

魔力悄悄话

　　自强，不断地进取，养成坚定执着的个性，并用辛勤的汗水浇灌成功之花。做任何事情，只要有坚定的信念，坚持不懈地奋斗，就能成就大事。

勤奋是生存发展的基础

一个人要活着就得吃饭、穿衣、住房子，就要出行。这些都需要钱，"没有钱是万万不行的"。那么，钱从哪里来呢？很简单，要靠自己去挣！要挣钱就得劳动，就得勤奋地劳动。

有人却说：那些高官、巨富的孩子，有些什么都不是，整天游手好闲，不思进取，开高级车，下高级馆子，进高级场所，不比咱普通老百姓强多了吗？我不这样看。在我看来，人是一种动物、一种高级动物、一种所有动物中最高级的动物。人比动物高级在什么地方呢？主要在于两点：第一，人会劳动；第二，人组成社会。

人会劳动，通过劳动创造财富、创造文明；通过创造财富和文明产生成就感和愉悦，从而感到幸福。有人会说："整天累得要死，哪有什么幸福呀？"我觉得，一个感觉累得要死的人，一定能享受到幸福。不信吗？累得要死的时候能死死地睡上一觉。死死地睡了一觉，就是一种幸福。而且，这种幸福是那些饱食终日、无所事事、靠吃安眠药过日子的人所享受不到的。人如果不劳动，就不会有成就感，也就不会产生愉悦和幸福。如果有人不信，那不妨试想一下：如果在一个相当长的时间里让你衣来伸手、饭来张口，什么也不让你做，什么也不让你操心，你会有什么感觉？那些饱食终日、无所事事的纨绔子弟为什么会寻衅滋事，就是他们闲得难受了。

人比动物高级的第二点，是人组成社会，有社会生活、社会文化、社会道德。社会是由它的每个成员的勤奋劳作创造的。家长能培养出一个勤奋的孩子就是对社会的一份贡献。

通过上述不难看出，勤奋是人生存和发展的基础，也是人获得愉悦和幸福的基础。家长要想孩子能更好地生存和发展，更多地成为社会活动的主体，就要教育孩子勤奋。

遗憾的是，许多家长就是在这个明白的问题上犯了糊涂，出了问题。说起孩子应该勤奋，他们口头上很赞成，但实际行动时却怕这怕那，以各种理由不让孩子干这，不让孩子干那，不让孩子勤奋。

有的家长认为孩子小，身子骨嫩，怕干活儿累坏身子，影响发育，不让孩子干。

有的家长认为孩子小，怕孩子干事发生危险，不让孩子干。

有的家长认为孩子上学时间紧、作业重，学习已经很累了，因此，除了学习，什么也不让孩子干。

有的家长认为孩子做事慢，没眼力，笨手笨脚，干不了多少，反而添乱，不让孩子干。

有的家长从小受苦，觉得自己活得不容易，不能再叫孩子活得那么累，不让孩子干。

有的家长认为世界上总是会干的伺候不会干的，不让孩子学干活儿，免得孩子将来伺候别人。

还可以举出一些不让孩子干事的理由来。不过，以上这些事例已经把问题说明白了。我认为以上理由都是站不住的，是与家庭教育的正确目的相违背的。

有人说："我不是不想让孩子干活，可孩子那么小，他能干什么呀？"孩子小的时候让孩子干活不是要孩子替大人做什么事，更不是要他干出什么成就来，而是通过让孩子干力所能及的事，培养孩子的劳动习惯，通过劳动刺激孩子的大脑，使孩子的大脑良好地生长发育，使孩子更聪明、更有能力。

有人羡慕别人家的孩子聪明。那么，你家的孩子为什么不聪明呢？孩子不聪明，可能有各种原因，如果没有先天原因，孩子从小干活太少、做事太少肯定是不聪明的一个重要原因。这是因为，干活少、做事少，就减少了促进孩子大脑发育和积累生活经验的机会。

至于有的家长觉得自己活得不容易，不让孩子干活，以为这样就是给了孩子幸福，更是糊涂。这不是让孩子享福，而是害了孩子。中国有句俗话："越歇越懒，越懒越笨。"不培养孩子的能力，孩子将来能"更好地生存和发展、更多地成为社会活动的主体"吗？

我小的时候，父亲经常对我说："要靠本事吃饭！"几十年来，经历了无数风雨和坎坷之后，我越发觉得父亲的话是对的。也许有人会说："你父亲的这句话已经过时了，现在吃饭不用靠本事了。"这种说法反映了当今社会的部分现实。有的人靠父辈的权力发了财、升了官，有的人靠父辈有钱游手好闲、吃喝玩乐。于是，有人愤愤不平。我想，大可不必如此。为什么呢？这很简单。你别看他现在凭借着父辈的权力如此嚣张，父辈没了权呢？他可能还不如你！因为你好歹还能自己养活自己！还有那些家长既没有权又没有钱的呢？不是还得靠自己的本事吃饭吗？

本事从何而来呢？靠勤奋，靠勤学苦练，靠勤于思考，靠勤于钻研。

魔力悄悄话

人不仅要过日子，而且要过好日子。要过好日子，就需要有更多的钱。那么，更多的钱从哪里来呢？很简单，还是要靠自己去挣。要想挣到更多的钱，就得更勤奋，就得付出高级的劳动，或者付出更多的普通劳动。

勤奋是一生的资本

李嘉诚曾经这样说过："我认为勤奋是个人成功的要素，所谓'一分耕耘，一分收获'，一个人所获得的报酬和成果，与他所付出的努力有极大的关系。运气只是一个小因素，个人的努力才是创造事业的最基本条件。"

李嘉诚还解释道："在20岁前，事业上的成果百分之百靠双手勤劳换来；20岁至30岁之前，事业已有些小基础，那10年的成功，10%靠运气好，90%仍是由勤劳得来；之后，机会的比例也渐渐提高；到现在，运气已差不多要占三至四成了。"

没有背景，没有靠山，全都不用怕，只要勤奋工作，白手起家，自己的命运自己掌握。

许多浙商在刚刚经商、创业的时候，都是一穷二白的，他们一没有学历，二没有资金，但是，他们深深地懂得唯有勤奋才是成功的第一资本。

于是，一群希望获得成功的浙江人带着他们的梦想背井离乡，到全国各地去做一些常人不愿意做的小买卖，诸如弹棉花、修鞋子、卖纽扣等。

这些被其他人看不起的小行当，在浙江人看来，都是成功的途径，只要自己付出勤奋、付出心血。

事实证明，浙江人的想法是正确的。这些从事被人看不起的小行当的浙江人，接下来都摇身一变成了大富翁；这些小买卖、小行当也变成了全国有名的企业。

阿里巴巴的创始人兼 CEO 马云是个地道的杭州人。

1995 年 4 月，马云从教师岗位辞职，借了 2000 美元，开办了"中国黄页"，成为中国第一批互联网公司之一。

1997 年年底，马云北上和外经贸部合作开发官方站点、网上中国商品交易市场等一系列国家级站点。

1999 年，马云通过自己的演讲筹集了 50 万元人民币，以 B2B 为模式的阿里巴巴网站宣告成立。

阿里巴巴的发展过程并不是很顺利。当时，资金极度短缺。马云曾经对员工说："在未来 12 个月，我们不能放松，一口气都不能松。我们从北京回来的时候说，我们要准备打 36 个月的仗，3 年以内我们咬紧牙关、没有工资也要坚持。

我们拼 3 年，这条船也要给我冲出去，冲到纳斯达克。如果 3 年内挫败了，那我们放弃。今天，我要求大家的是，我们把 36 个月变为 18 个月。"当时的马云刚刚做完阑尾炎的手术。

一位阿里巴巴的元老级员工回忆道："我们当时是 500 元块钱一个月的工资，住在离湖畔花园 5 分钟路的距离，我当时住在南都花园，房租好像是 600 块钱，三个人一起租的。因为没钱，有时候出去打车，碰到出租车，我们通常会拦 8 块钱的夏利，如果看到一辆富康，和夏利很像的，上了车，就很懊悔。所以也就是这个经历，让我们最后拿到了一笔风险投资以后，懂得怎么样去节约，没有像很多互联网公司一样乱烧钱。"

为了得到他人的投资，马云经常亲自到处游说，尝到了创业的艰辛。

在创办阿里巴巴不到七个月的时候，马云就用 6 分钟的时间赢得了世界上最大的互联网风险投资商软银公司的总裁孙正义的 2000 万美元投资。

事后，马云描述："我跟孙正义的那次谈判，我觉得这 6 分钟真的是蛮有意思的。6 分钟内不可能讲，我想要做一个什么样的东西，我还你钱，明天要上市等等。这些东西都是假的，不可能的事情。

"我是很自然地讲出，我想做一个世界级的公司，我坚信中国的前景会非常美好。我坚信我们的团队会不断壮大，我很自然地跟人家讲出了我心里的想法。所以孙正义听了以后，也不知道是听傻了，还是我们心有共鸣。

"这6分钟以内还说了好几个NO呢，孙正义一开始报出来的价格，就被我们'NO'掉了。当时我们的CFO蔡崇信坐在那边，我朝我们的CFO看了看，CFO朝我看了看，然后他说NO，这个NO全世界很少。"

正是凭着不懈的努力，马云就这样轻而易举地获得了第一笔风险投资。

尽管阿里巴巴的创业过程是艰难的，但是，在这个过程中，马云一直勤奋地工作着。他是这样鼓励自己的："大家都倒下了，我站着就是胜利；如果大家都卧着，我跪着就是胜利。"

正是凭着这种顽强的精神，马云和他的阿里巴巴走出了创业的冬天，迎来了喜人的春天。目前，阿里巴巴是中国最大的以B2B为模式的网站之一。

在谈到自己的成功时，马云并没有把它归功于自己的聪明。他说，读书时，他的成绩从没进过前三名。他的理想是上北大，但最后他只上了杭州师院，还是个专科，而且考了3年。第一年高考他数学考了1分，第二年19分。

后来，马云是这样评价自己的成功的："如果我马云能够创业成功，那么我相信中国80%的年轻人都能创业成功。"

马云的成功也正体现了浙商身上具有的勤奋的精神。梦想成功是不可能的。成功不在于你知道多少，而在于你付出多少，做了多少，只有付出勤奋，付出汗水，成功才会走近你。

博客网创始人兼CEO方兴东认为，浙商文化可能是阿里巴巴及其创始人马云为什么会成功的答案之一。在问答《纽约时报》的记者问时，他说："马云干的活，是互联网中最苦最累的活，这个B2B比B2C

都还吃力。挨家挨户，蚂蚁雄兵，没有浙商文化的勤奋、执着和吃苦精神，是不可能想象的。要知道，这些年，所谓的诸多 B2B 网站只有马云堪称硕果仅存。这不是没有背后理由的。"

几乎所有的浙商都认为，"只要肯吃苦，满地都是金子。"每一个浙商，在工作中都是非常善于吃苦的。浙江人能吃苦、善于吃苦的精神，已经得到全国人民的公认。

魔力悄悄话

许多刚开始创业的浙商都非常善于吃苦，他们能够"白天当老板，晚上睡地板"。因为他们深深懂得，要想获取财富，必须付出艰辛的劳动。

第四章
勤奋、信念与自律

通向面包的小路蜿蜒于劳动的沼泽之中，通向衣裳的小路从一块无花的土地中穿过，无论是通向面包的路还是通向衣裳的路，都是一段艰辛的历程。

——福斯

我在科学方面所作出的任何成绩，都只是由于长期思索、忍耐和勤奋而获得的。

——达尔文

诚信的约束不仅来自外界，更来自我们的自律心态和自身的道德力量。

——何智勇

信念与激情

我们活在这个世界上，肯定需要自己往前走。往前走有两种方式，一种方式感觉到自己在走，但实际是在转圈，走了一辈子，发现自己其实并没有走远；另外一种走法就是能走得很远，因为前有目标，心有信念。

在撒哈拉沙漠中间，住着一群人，他们曾经无数次地试图走出这个沙漠，但是每次都失败，他们觉得这个沙漠是漫无边际的。后来有一个探险家，来到了这个村庄，村民们非常吃惊，说这个茫茫沙漠我们从来没有走出去过，他怎么走进来的呢。于是大家就问探险家："你花了多长时间走到我们这个地方？"探险家说："我总共花了三天的时间，就走到这儿来了。"这些人不相信，说："我们走了无数次都走不出去。"后来这个探险家说："那好，你们带着我走一走，看看我们能不能走出去。"于是这些村民就牵着骆驼、背上水带着他走，走了大半个月，还是没有走出去。在走的过程中探险家发现，他们基本上是在绕圈子，绕着绕着就回到自己的出发地了。所以探险家告诉他们：其实你们要走出去很简单，沿着北斗星的方向往前走就可以了。

按探险家的话，三天时间不到，这些村民就走出了沙漠，见到了外面的大千世界。

世界上有两种东西存在，信仰和信念。

信仰，我觉得它是外界依存的一种东西。人，生而弱小，在面对大千世界的时候，我们都会觉得自己很无力、很无助，因此为了使自己能够产生力量，有的时候需要依赖外界的某种力量，就像小孩希望依赖于大人一样。外界的力量，人们最容易找到的一种东西就是信仰。有了信仰以后，就会觉得内心有某种支撑。

有信仰当然不是一件坏事，它的最高境界都是善，与人为善就是一种信仰。信念的力量是伟大的，它支持着人们生活，催促着人们奋斗，推动着人们进步，正是它，创造了世界上一个又一个的奇迹。

记得《苦儿流浪记》有一段情节：主人公与几名矿工在工作时遇难了，大家被困在一个狭小的空间里，脚下是无尽的水流，他们所有的，不过就是几盏灯。在这极度恶劣的情况下，他们看起来不是被淹死就是被窒息而死，再不然就是被饿死，总而言之似乎是必死无疑。营救虽然在努力进行着，但是人们都没多大把握成功。而矿井下的情况确实不容乐观，因为好些人都抱着必死的心。他们中有一个人带了表，最后有人提议熄了灯，每隔一段时间让那名矿工报一次时间，大家都休息，节省体力。时间在一分一秒地过去，人们的心也慢慢地被揪紧，但等到营救队到达时，他们竟然奇迹般地存活下来，只有一个人死了，就是那个报时间的矿工。

原来，开始他的确是准时报时间的，但是，当他发现了同伴们的异常后，他便开始了"虚报"，半小时他说 15 分钟，一小时他说半小时，两个小时他说一个小时……结果其他人都在信念的支撑下活了下来，而那个报时的矿工却被自己的心魔给逼死了。

由此可见，信念的力量是多么的伟大啊！

魔力悄悄话

很多人迷信，也现实。他们求佛的时候，一定是求自己发财，求菩萨对自己好。这就说明：真正有着非常强烈的宗教信仰的人并不多。另外，宗教信仰是求外的，这就表明了自己内心的空虚。

真正的坚强

人这一辈子，如果想要成长，最重要的是求得自己内心的坚强。只有自己勇敢、坚强起来了，所有的事情才不会被难倒。这里所说的勇敢、坚强，不是指被世事沧桑摔打以后，最后变得老于世故，对任何东西都不再动情的冷漠态度。一个不动感情的人绝对不会产生激情，也绝不会产生向上的力量。我们所要的，是在历经磨难后，内心产生的另外一种状态，这才是真正的坚强——这个"坚强"体现在你愿意接受现实世界，对现实世界更加敏锐。这种"坚强"，我们可以称之为信念。

常常有人问我成功的概念，我说"成功"是活着的人不能说的词，因为只要你想做事，逆境就是你的常态；如果不想做事，失败就是你的常态。活着就是在起起伏伏中前进，成功就是不管你怎么跌倒，还要爬起来。坚强的人，都是从失败中能够站起来的人。

史玉柱之所以成了很多年轻人的偶像，并不是因为他做了多少惊天动地的事情，也不是因为他为人类做出了多么杰出的贡献，而是因为他展示了一种生命的张力，让全世界看到了翻身的奇迹。

他的巨人集团倒闭以后，紧接着他通过"脑黄金"的广告，把脑黄金、脑白金推上了市场，接着又做了网络游戏。我们暂不去评论这些东西究竟给人类带来了多少意义，但他了不起，他从大失败中站了起来。因此我们可以料定，如果还有下一次大失败的话，他必定还能站起来。这种"站起来"其实很简单，就是相信自己，但不是浅薄地相信自己，而是相信自己有一种精神，相信自己倒下去了也能够站起来。

一个人成功一次不算什么，了不起的是不断摔倒，还能不断地爬起来。一个人摔倒了十次，如果再也爬不起来，他就是个失败者。但是若一个人摔倒一百次，他一百零一次还能够站起来，他就是个成功者。所以，失败和成功的因果关系，体现了一个人自己对自身到底有多么强大的信念。

我自己也是在失败与成功之间，不断地加强对成功的信念。我生命中一连串的事实表明：苦难多于成功。我 3 岁得了肝炎，5 岁患哮喘病，小时候还不会体会到太多的苦难，但在 20 岁的时候又得了肺结核。也就是说，我是从小病到大的，但是这些病痛给我带来的好处是我的肝抗体很强大，这就是所谓的"祸兮，福之所倚"。

一个人，如果有了很多失败的经历后，就会对失败产生一种抗体——不怕失败。当一个人不怕失败、勇敢往前走的时候，就离成功比较近了。

魔力悄悄话

信念，是从你内心产生的一种坚强。也许有人会问，到底什么是内心产生的坚强。很简单，在你面对任何艰难困苦、曲折失败的时候，相信自己未来能够做成事情，相信自己能够继续往前走。

78

勤能补拙

做什么事天分很重要，但光靠天分是做不成事的。天分是飘忽云端的锦彩，是闪耀水面的流光，虽然能够察觉，但还并不真正被你拽在手中。它像你呼出或吸入的气，是你的，又不是你的。它急促而瘦弱，消耗或闲置是摧毁的前奏，寒冷落寞无言。当你蓦然想起它时，也许早已随着时光流走。

记住，当你发现某种天分，请盯紧它，如同盯紧你的生命，然后朝着它来的方向寻去，直到它逃无可逃，撞进你的怀里。

何为坚持？两个字：一个"勤"，一个"忍"。

说起勤字，或许首先让人想到"勤能补拙"这个质朴又带点儿褒奖意味的成语。一点不错，认真踏实、努力地干，能够补偿拙笨造成的不足。天道酬勤。这里的天道，即犹言天理。上天会酬报勤奋的人的！

再说"忍"字。人天生最怕忍字，在忍耐中坚持，如同热锅上的蚂蚁，只想逃生，是做不了事的。但没有一个读书人会为天天掌灯读书当受罪，因为习惯使然。习惯既是生活方式，也是内容，在习惯中做事，像风消失在风中，是天人合一的意味，大道无痕的感觉。所以，要把"忍"字做好，最好的办法是养成习惯，让习惯去把这个字抹掉。

人生苦短，路途却漫长，沿途风大浪恶，机遇与挑战并肩，诱惑与陷阱共存，你要自卑，更要自信；你要知彼，更要知己；你要辛勤劳作，更要循天分而动。通往罗马的大路只有一条，多一条都是歧途。

这些年，我很在意整理知边的物件，譬如时刻保持鞋架的整洁或书架的井然。我无洁癖，而是刻意为之。深知成功之难，挫折时时躲在镜子的死角或侧翼，而这些看似不起眼的日常细节，善待它，就能成为阳光或氧气，滋润自己，令自己保有一颗恒心，让坚持成为习惯。

是的，只有当坚持变成习惯时，坚持才可能被喝彩、祝福。

鲁迅是我国伟大的文学家，他讲起自己的笔名时说："鲁是愚钝，迅是不灵敏，我不是一个天资高的人。"然而鲁迅通过自己的努力，最终取得了很高的成就。这，就是勤能补拙。

勤能补拙，的确不假。

科学告诉我们，勤奋可反复地、经常地刺激人的脑细胞，并通过这种多次地刺激把信息储存起来，以便用的时候提取出来。这样，勤奋提高脑的灵活性，使人变得更加聪慧灵敏。

一些天资稍差的人，也可以通过自己的勤奋努力变拙为巧，变拙为灵。

这样的例子数不胜数。爱因斯坦从小就不被老师看好，大家都知道他那"三只腿的小板凳"的故事吧，小学时他经常被同学嘲笑。而且在他报考理工学院时因主科不及格而未被录取。然而他十分勤奋，一天的大部分时间都是在实验室度过的，最终他因相对论而闻名于世。达尔文小时候笨手笨脚，什么都不会做，但他凭着自己的刻苦努力，写成了著名的《物种起源》。

不仅是名人，如果你注意一下自己身边的同学，不少人也是如此。在你课间与同学闲聊的时候，他在做题；在你玩的时候，他在看书。也许他的天资不如你，但最终成功者确是他。陈毅将军说得好："应知学问难，在乎点滴勤。"的确如此。我国著名戏曲表演艺术家梅兰芳曾说过："我是个笨拙的学艺者，没有充分的天才，全凭苦学。"如此多的例子告诉我们：勤能补拙是良训。

相反，你的天资很高，聪慧机敏，然而如果懒惰成性，不思进取，一样不能取得最后的成功。我国古代有个神童方仲永，几岁便会作诗，然而自己四处炫耀，不补充自己，不提高自己，最终还是落到了一个不如别人的地步。因此，天资高，一样需要勤奋。

勤奋是成功的风帆，使人们在成功的道路上一帆风顺；勤奋是成功的后盾，使人们在成功的道路上每一步都踏得稳，走得实；勤奋是海边的灯塔，照亮你成功的道路。

魔力悄悄话

人生苦短，路途却漫长，沿途风大浪恶，机遇与挑战并肩，诱惑与陷阱共存，你会自卑，更要自信；你要知彼，更要知己；你要辛勤劳作，更要循天分而动。

勤奋让你享受该享受的

人生有太多的困境！在困境中，我们如何渡过？又如何化险为夷？

加倍的勤奋、加倍地付出，应该是最基本的方法，只是这种最基本的"笨"方法，经常会被聪明人弃置一旁，而聪明人也经常被困境打败。

我有一段非常特殊的经历，就是在 3 个月之内，从一个什么都不懂的新记者，变成一个对财经政策、商场动态、产业知识有所掌握的记者，而方法也很简单，就是读报不放过任何一个字。

1978 年，台湾的《工商时报》创刊，我（何正鹏）正式成为新记者，完全没有任何经验。

而当时我们的对手——《经济日报》已创刊 10 余年，在采访过程中，受访对象三言两语，《经济日报》的记者已了然于心；而我因背景知识缺乏，以致经常抓瞎，痛苦不堪。

面对这个状况，我想出一个最笨的方法，就是每天把《经济日报》从第一个字读到最后一个字，不只是内容，还包括所有的广告。

这当然是一个无聊、无趣而且极为痛苦的过程，报纸上充斥着大量的人名、公司名、产业名、产品名，再加上数字、专业知识、专有名词……第一个星期，我只看懂不到一半，看不懂怎么办？看三遍，先背起来再说。

这其实是个极笨的方法，但效果极佳。过了一个月，我大致把当时商场上主要的人、公司、产业都弄清楚了，也大致掌握了正在发生的重要议题。等到 12 月 1 日《工商时报》创刊时，我对经济的基本知识、动态、来龙去脉的了解，与对手《经济日报》的老记者们已不相上下。我用最笨的方法，在最短的时间内弥补了新记者最大的缺憾。

人生是漫长的马拉松竞赛，要用稳定的步伐向前迈进。但人生也常会遇到危急的艰难时刻，这时我们就必须用非常手段，全力冲刺，才有机会突围而出。每一个人全力冲刺的方法不一样，而我用3个月追赶老记者的方法，就是我勤奋工作的结果，也是我快速成长的代表作。

首先，我设定了3个月的目标，在常理上这几乎是不可能的；其次，我选择了最笨的方法——死记硬背；最后，我用每天16个小时投入工作，除了睡觉与吃饭的8个小时之外，我都在学习采访。这个经验奠定了我"极速"工作的基石，正常状况我可以以稳定的步调工作，但必要时，我知道如何全力冲刺。

没有这种"极速疾行"的经验，千万不要说你已经体验过人生。

勤奋就是指努力工作。与面对困难相比，勤奋并不需要你去寻找挑战者或者是难题，仅仅是花费时间。你可以在困难或者是简单的工作上勤奋起来。

生活中的很多人物不是非常难，但是他们常常会要求很多的时间投入。

如果你不能很好地约束自己完成这些事情，那么它们可能会带来很糟糕的状况。想想生活中的那些事情吧：购物，做菜，打扫，洗衣，纳税，还贷，照顾孩子等。这些还仅仅是家里的——如果你把工作上的事情再加进来那就更多。这些事情不是头等重要的大事，但是必须得做。

自律就要求你能够把时间花费在必须花费的地方。如果我们拒绝花费这些时间把这些事情做对做好，事情就会一团糟了。这样糟糕的状况有很多体现，从乱糟糟的书桌或者是塞满了的电子信箱，到安然公司或者是世通公司，大事还是小事，你自己选择。不管怎样，选择拒绝绝对是引起这种情况的主要因素。

有时候该做什么是很明了的，有些时候不是很清楚，但是置之不理肯定不会有任何帮助。如果你不知道该做些什么，那第一步就是明确任务。

这要求你发掘信息并且控制自己。我曾经为了开这个博客，不得不弄清该干些什么。我花费时间去阅读别人的博客。这个工作不难，但是确实要花很多时间。

有时候我们把小的烦恼拖得有点太久了。一月的时候我和妻子住进了一套新房，但是直到最近的一周，我们才把所有搬家用的箱子拆掉，其实我们从搬过去第一周就开始把箱子拆开了，但是有一些包装盒被挤在角落里，我们俩都不想去打开他们，为什么呢？我们不知道拿出来的东西应该放到哪里。把箱子放在那里等着它魔法般的自己拆掉似乎是最简单的做法。

最后我们还是在上周末的时候把箱子拆开来，还顺便把一些该维修的家具一并修好了。

做这些事情并没有什么困难或者是很大的代价，只是时间问题，不需要任何技巧和脑力劳动。我们所要做的仅仅是承认它们应该被及时完成，花几分钟想一下该做什么，然后就要开始做！

生活中有很多难题是需要我们花费很多时间而不用动脑子的。如果你的电子邮箱满了，就去回复邮件吧，这不会太困难。生活中有很多事情比回复旧邮件棘手得多。我向你保证你有足够的脑力完成这件事情，让你的收件箱保持清空状态，仅仅是需要时间而已。也许你会花费几个小时去做这个工作，但是如果这种花费是值得的，那么就去做吧，也许你还可以即时享受一下音乐，或者只是按下"Ctrl + A"然后按"Delete"，然后就完成了。

你的 To do list（待处理事项）上面有多少项目是只需要你勤快的投入一下就能够完成的？有时你根本不需要创造力或者是智慧——只要简单的动作就够了，但是很容易让人觉得连这种最简单的劳动也不需要，因为很枯燥，很不重要。但是无论如何，还是得完成的呀。

只要你能够发现任何避免消耗时间，快速简单的方法那就马上利用起来。

托给别人办，或者就是像上面提到的删除，尽可能地减少时间的负担。如果那些事情是没有人能替你办的，就像那个不能自己自动打开的箱子，那么你就因该接受现实把事情做好。不要抱怨，不要嘀咕，尽力去做。

让自己自律起来可以使得时间变得更有价值。时间是不停地流逝的，但是你的效率却不是这样的。很多人愿意花费很多的钱去买更快的电脑或者是动力更强的汽车，却不愿意把注意力集中在个人能力上。你的个人效率提高之后比这些更有效。让一个有效率的程序员用一个有10岁大的电脑，他或她可能比起一个懒惰的程序员用着最先进的技术能完成更多的工作。

不论那些先进的技术消费能够潜在地提高我们多少效率，你个人的效率仍然是你最大的瓶颈。不要指望高科技来提高你的效率。如果你不想着没有高科技能够带来效率，你就不会真正地提高效率——它们仅仅是帮你掩饰你的坏习惯。

但是如果你已经在没有高科技的情况下变得勤奋了，它可以让你更高效。把高科技想象成一个乘数，只有你已经有效率的情况下，科技才能翻倍你的效率。

当你在追求高效率的时候很有可能令人抓狂，但是终究你会获得回报的。我想很多人出于常识都会被那些提高效率的想法所吸引，不需要多少思考你就知道如果你更有效率，你就能完成更多的工作，所以你积累的成果越多。

另外提高个人效率可以让你在生活的很多方面有所提高：健康饮食，锻炼，面对困难，处理人际关系，取得影响力。否则，这些都不现实。

如果没有高效率，你很有可能就放弃了一些重要的事情。你会在健康和工作，工作和家庭，家庭和朋友之间有很多矛盾。勤奋可以让你有足够的能力享受这一切。所以你不用选择工作而放弃家庭或者是反过来。你可以两样都得到！

当然，勤奋只是很多工具中的一个，他能够让你更高效地完成自己的工作，但是它不会教你首先该做什么，因此勤奋是一个级别很低的工具。

魔力悄悄话

辛勤工作不等于有智慧，但是勤奋的这个缺点并不能掩盖它在个人提升中的重要作用。一旦你决定了一系列的行动并且已经做好计划，那么没有什么能比勤奋更有用了。

自强不息　勤奋不止

　　人生在勤，不索何获。这是古人对于勤奋的认知，即使千百年后，我们仍然可以感受到其中的深意，因为古人深知天道酬勤、自强不息的道理。

　　然而无论处于什么情况我们都要做到自强不息。在人生低谷时，我们不能放弃，要相信自己，告诉自己希望总是存在的，天下没有过不去的坎，奇迹会在不经意间出现。在人生的高潮时，更不能放松自己，或许下一刻就会涌过一个浪头，将你打入深渊。未雨绸缪总好过临渴掘井，所以处在顺境时更要奋发图强，努力勤奋。

　　所有的冠军都赢在过程。人生就相当于一场田径比赛，起跑线是一样的，最后会跑到哪，关键还是看过程，你努力一点、坚持一点，或许就会比别人快一分、进一步。当你坚持不懈直到终点时，会发现迎接你的将是鲜花、掌声以及热情的喝彩。成功不为别的，只在勤奋。

　　应铭记于心中，人生当以自强、当以勤奋。

魔力悄悄话

　　眼高手低、好高骛远只会丢自己的脸。我们只需要谦虚谨慎严谨务实的好好学，须知宝剑锋从磨砺出，梅花香自苦寒来。

第五章 学习勤奋是美德

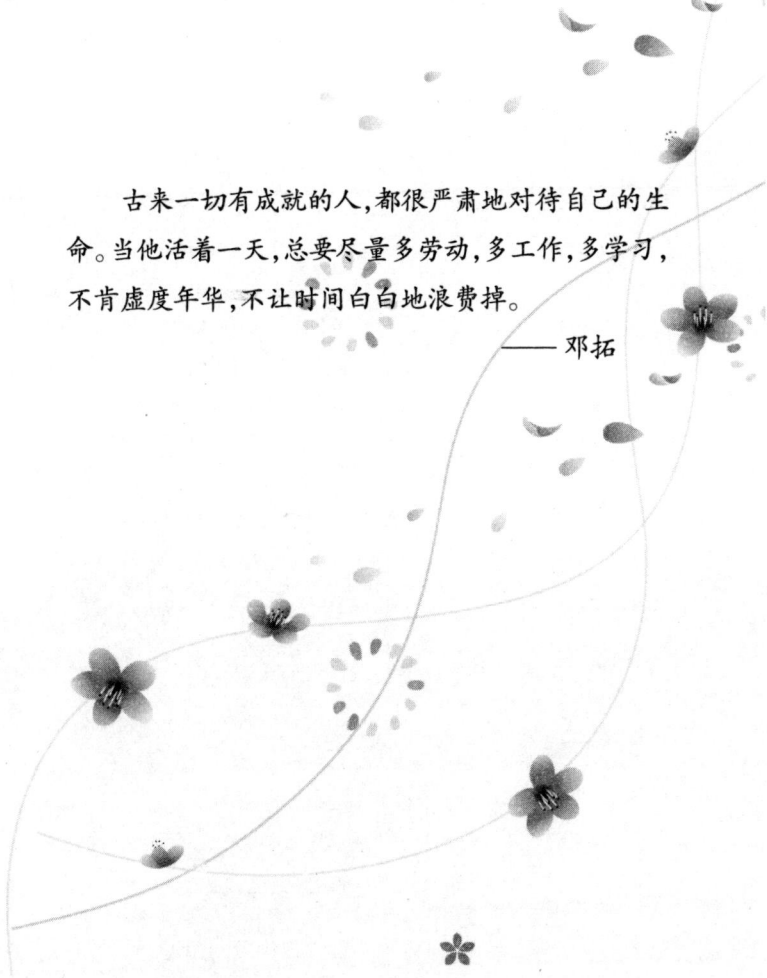

　　古来一切有成就的人,都很严肃地对待自己的生命。当他活着一天,总要尽量多劳动,多工作,多学习,不肯虚度年华,不让时间白白地浪费掉。

—— 邓拓

知识青睐好学者

顷刻之间不可能成就丰功伟绩。一步登天是不可能的。只有持之以恒地去学习。

养成好学的习惯，才能增长知识，提高自己的判断、分析能力，为成功打下基础。

一个人如果没有知识，也就没有能力，而能力是自己所学的知识、工作经验、人生的阅历和长者的传授相结合的，能力的培养是和不断学习密不可分的。只有不断充实和完善自己，才能赢在各个起跑线上。

学习，是进步的阶梯，我们只有不断地一层一层地攀登阶梯，才能逐渐地体验到学习给自己带来的巨大收益。

当我们不断地学习，积累了一定的知识和阅历后，我们才能对自己的人生方向和前景有个更加明确和美好的向往，我们才能有更大的目标和理想。

孔子曰："敏而好学，不耻下问。"

这句话的意思是说，学习需要有一种精神，要有一种好学的良好习惯。

学习是一个艰苦的过程，也是一个性格磨炼的过程，是一个完善自我、塑造自我的过程，需要学习者有争分夺秒的精神、不耻下问的态度和持之以恒的毅力。

古人将学习比做"书耕"，书耕的意思是说像农民种地一样，不付出艰辛的努力，是不会有收获的。

战国的苏秦因学问尚浅，外出游学狼狈而归，一家人都不理他，因而促使他发愤学习，刺股以自励，终于身挂六国相印，合纵以抗秦。匡衡人穷志不穷，凿壁借光用来读书，终以说《诗经》而跻身于朝，官至司徒。

屋梁悬发的孙敬、聚萤照读的车胤、映雪苦学的孙康和带经耕耘的倪宽等都因此受到后人赞扬。

古代的知识分子具有一个共同的优点，那就是在学习上勤奋刻苦，而这一美德具体体现在潜心治学、发愤著书上。在我国几千年的历史上，无数的思想家、文学家、史学家、科学家通过自己的辛勤劳动，创造了丰富的精神财富，不仅为我们留下了宝贵的文化遗产，同时在全人类的文化发展上也做出了举世瞩目的贡献。这些都是同敏而好学分不开的。

那么，如何养成好学的习惯呢？

1. 制定学习计划

古人说："凡事预则立，不预则废。"学习亦是如此。有了计划，才能使学习有系统、有条理、有步骤，才能胸中有数。我们的学习计划包括两个内容，即学习的内容和学习的时间。

（1）以最重要的学习内容为中心

有些知识是至关重要的，或者说是带有战略意义的，应当把它视为重点，在学习计划中要有充分的体现，切忌无重点，眉毛胡子一把抓。

（2）用好大块时间

根据自己学习与生活的实际情况，使用好大块时间，把它用在最重要又需要连续学习的内容上。这样，能使每次学习都有较大的收益，避免整时零用。

（3）采取循序渐进的原则

知识的学习要由浅入深，切忌好高骛远，急于求成。要保证某门知识学习所需的全部时间。

（4）注意使用"黄金"时间

难度大的重点学科和需要记忆的知识，用自己精力充沛的"黄金"

时间来学。切忌时间安排无体系，想起什么学什么。

（5）时间安排要有弹性

从长远观点来看，要取得学习的成效，就得稳步前进，使每个计划都落到实处，时间上留有余地是必要的。

2. 掌握有效学习的方法

掌握好的学习方法对学习效果的提高具有重要意义。通过科学的学习，可以获得大量的知识。好的学习方法应该是任何一个有志于成功的人必须掌握的。

从古至今，人类积累了大量的学习经验，有一些被反复的实践检验证明为极有成效的学习方法，现择要介绍如下：

（1）兴趣法

"好知之不如乐知之"，就是说我们越喜欢某一事物就越喜欢接近和接纳它。

兴趣是人们行动的一种动力。只要对某些知识产生了兴趣，就会拼命地去理解、记忆、消化这些知识，并会在这些知识的基础上总结、归纳、推广、运用，从而做到精益求精、推陈出新，从而推动整个社会向前发展。因此，我们在学习某一知识之前，首先要建立对它的兴趣，以达到掌握的目的。

（2）动机法

动机，是人类的一种生理愿望。在动机的驱使下，人总会想尽一切办法为了这一愿望而努力奋斗，克服重重阻碍，最终达到目的。动机不同，产生的效果也会不同。好的动机有利于人本身的发展，坏的动机就会使事情向着某一不利因素发展。

如果你想走向成功，就要有一个良好的思想动机，使得事物的发展出现良性循环，使你在良好的动机下去学习，从而成就一番事业，为社会贡献出一分力量。

（3）理解法

人都有对事物进行判断的能力，对某一事物或某一知识有认识，就会很容易地把它变成自己的知识，否则，就需要花很大的额外工夫。比如说"井底之蛙"这一成语，我们可以想象一只健康的青蛙坐在一口深井里，眼睛直瞪瞪地望着井口发呆，而井口外面，则是白云、蓝天，井底则有青草、水、昆虫。

虽然这只青蛙本身健康，不愁吃喝，然而它却呆呆的，为自己见不到外面的大好风景而发愁。这样一理解，"井底之蛙"的含义就非常清晰了。

（4）联系法

自然界中的一切事物不是孤立的，而是普遍联系的，正如自然界的食物链：兔吃草，而兔又被鹰或狼吃，狼又被虎吃，而鹰和虎死后，其尸体又腐败变质，供草吸收其营养成分。在这几种动植物之间，就形成了一个食物链，它们就构成了互相联系的一个整体。如果草绝，则兔就会亡，反之，如果兔多，则草就会被大量食用，当草被食用过多时，兔就不免缺少食物而亡，这充分说明，自然界的万事万物，是一个普遍联系的整体。

知识，正是人类在长期改造自然的过程中发现的，因此，各种知识间也是相互联系的。当我们对某一事物缺乏了解和认识时，我们就可以从与其有联系的事物中来认识它。

（5）联想法

人类区别于动物的根本，就在于人有思维，有了思维，人在客观的自然和社会面前就不是无动于衷、无可奈何了，而是能够积极地促成条件，来解决问题，而联想正是人类充分发展的一种象征。

在我们的学习中，联想能使我们更好地掌握知识。

历史课本中的数字枯燥无味，但是，有些事件是和这些数字紧紧相联系的。因此记数字就可以与这些历史事件联系起来记，这样就避免了数字之间的相互干扰，同时也增加了学习的趣味性，起到了双重效果。

（6）对比法

在学习中，当两个概念或事物的含义相似的时候，我们往往容易搞混淆，而在这个时候，运用对比法就能够搞清楚二者之间的明显区别。也就是说，它们相同的地方我们暂时不讲，我们只比较它们之间不同的地方，这些不同的地方，就是某一事物的独特特征。理解了这些独特特征，也就抓住了这一事物的本质，从而也就能掌握这一事物的有关知识。

（7）复习法

人的大脑对知识的识记是有一定规律的，教育学家们曾用遗忘曲线做了一个形象的说明，指出如果在你遗忘之前去复习、巩固它，那它就能迅速恢复并牢固记忆。孔子所说的"温故而知新"，是非常有道理的。

（8）综合法

如果把已有的知识像计算机一样，统统分成某几个类别，同一类别存入某一区域，到需要时再"取"出来使用，效果会更好，再把某几类的知识用来综合记忆分析，自然会得出更新的知识。

（9）目标激励法

目标是一个人奋斗的方向和准则。用目标来激励自己，不断地学习，应该是年轻人必备的一种学习方法。

陈景润是我们熟知的数学家，当他第一次在他的老师沈元那里听到"哥德巴赫猜想"时，就下定决心去攻克这个难题，并终于取得了举世瞩目的成就。

可见，有了目标，人就具有了前进的路标，就会不管道路多么泥泞艰难，都会向着目标一步步前进。获得知识，也应该这样，不停地用目标来激励自己前进、前进，不断地学习，才能使人们在求学的道路上，奋力拼搏。

3. 学习效果的自我检查

学习者本人应根据一定的标准，采用一定的方法，对自己想取得的和已取得的学习效果之间的差异进行分析和评价，以找出经验和教训，这便是学习效果的自我检查。

勤奋——少年辛苦终身事

学习效果的自我检查在整个自学过程中具有重要意义，通过自检，可以获得大量的反馈信息，从而调整和控制自己的自学，并得到成功的鼓励或失败的鞭策，把自己的学习行为导入一个更为有效的途径。

魔力悄悄话

"书山有路勤为径，学海无涯苦作舟。"学习要靠勤奋，才可能有所成就。至于那些智商一般的人，则更需要以勤补拙，所谓"笨鸟先飞"讲得就是这个道理。早动手、勤动手，将自己的先天不足用勤补回来。

学习是一生的需要

　　知识的确有强大的功能，它能改造世界，也能造就一个人。历来的成功之道在于：有知胜无知，大知胜小知。所以你要提高自己的优势，就要不断学习，使自己成为一个有知之人、大知之人。

　　反之，你就会成为失败的"奴仆"。"书到用时方恨少"，平常若不充实学问，临时抱佛脚是来不及的。也有人抱怨没有机会，然而当升迁机会来临时，再叹自己平时没有积蓄足够的学识与能力，以致不能胜任，也只好后悔莫及。

　　如今，知识、技术更新换代的速度让人目不暇接，要使自己能够跟上时代发展的步伐，就要不断地学习。

　　人的一生就是终生学习、不断充实的一生。没有知识的储备，就不能牢固地抓住成功的机遇。不断地学习，才能使时间给予人从量变到质变的一个飞跃。

　　时代在不断地进步发展，有了良好的学习习惯才能不断汲取知识、丰富体验，使自己的生命更富有意义。

　　许多人以为，学习只是青少年时代的事情，只有学校才是学习的场所，自己已经是成年人，并且早已走向社会了，因而再没有必要进行学习了。

　　剑桥大学的一位专家指出："这种看法乍一看，似乎很有道理，其实是不对的。在学校里自然要学习，难道走出校门就不必再学了吗？学校里的那些东西，就已经够用了吗？其实，学校里的学的东西是十分有限的。

工作中、生活中需要的相当多的知识和技能，课本上都没有，老师也没有教给我们，这些东西完全要靠我们在实践中边摸索边学习。

只有随时随地不断学习新东西，才能保持思维的灵动，才能跟得上时代的步伐，才会在优胜劣汰的竞争中始终立于不败地位。

塞缪尔·拉莫里是一个以学习来不断提高自己的耕耘者。他是珠宝匠的儿子，祖上从法国逃难到了英国，从此在英国定居下来。他少年时代并未受过什么教育，但是通过不知疲倦和勤奋克服了这一劣势，并且一生中从未停止过努力学习。

他在自传中写道："我十五六岁时下决心学习拉丁语。那时候我对拉丁语的了解仅限于一些极日常的语法规则。通过三四年的刻苦学习之后，除了有关专业科技课题的著作，譬如瓦罗·康路马拉、塞尔瑟斯的著作，我几乎读完了所有拉丁语鼎盛时期的散文家的作品。其中，利维、萨卢斯特和塔西陀的书我读了有足足三遍。我研读过西塞罗广为流传的演讲词，还有荷马的作品读了大半。特伦斯、维吉尔、贺瑞斯、奥维德，还有尤维纳利斯的作品我都读了一遍又一遍。"

塞缪尔·拉莫里另外还自学了地理、自然历史和自然哲学，他是个真正知识渊博的人。

他16岁时就进入大法官法庭工作，在那儿做秘书。他工作勤快，并不断努力学习，很多又进入了律师行业，勤奋学习和不懈的努力确保了他在事业上的成功。

1806年，塞缪尔·拉莫里伯爵被政府任命为副检察长，在以后的职业生涯中他稳步前进，成为法律界的名人之一。塞缪尔应该是做得很优秀的了，然而他还经常觉得自己的知识不够，因此不断地学习，不断地补充知识以弥补自己的不足。

如今，知识、技术更新换代的速度让人目不暇接，要使自己能够跟上时代发展的步伐，就要不断地学习。

人的一生就是终生学习、不断充实的一生。没有知识的储备，就不能牢固地抓住成功的机遇，只有不断地学习，才能使时间给予人从量变到质变的飞跃。时代在不断地进步发展，有了良好的学习习惯，才能不断汲取知识，丰富经验，使自己的生命更有意义。

许多人以为，学习是学生、是青少年时代的事情，自己已经是成年人、是中年人、是老年人，没有必要再学习，这种看法乍一看，似乎很有道理，其实是不对的。学校是学习的场所，在学校里自然要学习，当你走出校门，走上工作岗位，你会发现，学校里学到的东西十分有限，工作中、生活中需要相当多的知识和技能，是在学校里没有学到的，是需要在实践中边探索边学习的，所以，我们必须学习、学习、再学习，随时随地不断学习新东西，做到活到老，学到老，终生学习，以此来增加自己的知识，使自己适应急速变化的时代，跟上时代的步伐。

魔力悄悄话

只有坚持学习，才能在学习中不断提高自己，使自己拥有越来越多的优势。所以，我们必须学会善于利用时间，做到终生学习，以此来增加自己的知识，使自己适应急速变化的时代。

利用零碎时间学习

一个人能利用有限的零碎时间去学习、去提高自己，总会取得不小的成就。然而，很多人却浪费了他们生命中这些宝贵的空闲时间，到头来等待他的也肯定不会是成功。

古今中外一切有大建树者，无一不惜时如金，他们绝不允许自己无缘无故地浪费生命中哪怕是一秒钟的时间。把零碎的时间用来学习，也许短期内并没有什么明显的感觉，但长年累月积攒下来，将会有惊人的成效。

进化论的奠基人达尔文从剑桥大学毕业时还是个无名小卒。他参加了环球考察，在"贝格尔"号轮船上，时间对于他来说重于一切，在别人闲聊时，他坚持写航海日记，还与国内的科学界朋友保持书信联系，其中不少信件很快就被作为学术论文发表。在每一分每一秒被充分地利用下，达尔文进行了大量考察，搜集了足够研究50年的标本。当他踏上阔别了5年的国土时，惊讶地发现自己已被称为海洋生物学专家了。

当有人问他何以作出那么巨大的成绩时，达尔文答道："我从来不认为半小时是微不足道的一段时间。"

实际上，每个人的生命都是有限的，时间是世界赋予每个人最珍贵、最公平的财富。每个人都不会无限期的拥有时间，只能在这几十年或上百年的时间里拥有它、支配它、利用它。

时间过得慢，就容易被忽略；时间过得快，就容易使人追悔。常有古稀老人发出沉重的感叹：一辈子太短了，时间过得真快呀！的确，时间是不等人的，不管你是否已准备好，也不管你是否跟得上生活的节奏，它都会一如既往、一刻不停地从你身边流走。我们在日常生活中，总是用"过了今天还有明天，过了今年还有明年"这样的借口安慰着自己，虚掷着光阴。

时间是最短缺的、最特殊的、最无可替代和不可缺少的资源。因此，每个人都应该珍惜自己生命中的每一分钟，去做一些有意义的事情，才不枉费在人生走一遭，也才不会有"少壮不努力，老大徒伤悲""白了少年头，空悲切"的凄凉感慨，也才会在有限的人生旅途中取得成功。

那么，如何更好地利用零碎的时间，把握好每一分钟的学习时间呢？节约时间是基本的运筹原则。从时间中节约时间，用尽可能少的时间，办尽可能多的事情，学习到更多的知识，从而极大地提高效率。恩格斯指出，利用时间是一个极高级的规律。古今中外的杰出人才都想方设法把一般人认为不屑利用或难以利用的时间利用起来，并创造了许多从时间中去找时间的切实可行的方法。

养成充分利用零碎时间去学习的习惯，可以从以下几方面去考虑：

1. 把所有的空闲时间都看作是有用的

研究一下上班路线，选择一条最短的路程，这样可以尽早到达公司，开始准备工作或者学习一些有用的技能；等车时，可以听段英文广播或者其他学习类节目等。

2. 安排一个时间表

既然合理的利用时间可有效地增进人的学习效率，有助于成功，我们就应该在自己的日常生活中，制订一个可行的、适宜自己的、简单明了的待办计划表，这样即使在很忙碌的状态中随意看几眼，就可对所记内容一目了然，明白马上需要做什么事，怎样更合理地安排时间、利用时间。

3. 用顽强的毅力，排除来自外界的干扰

不少人承认，时间抓不紧或者被其他事情侵占，是由于自己缺乏毅力所造成的。因此，要想获得更多的学习时间，就要在克服困难，实现志向的过程中磨炼自己的毅力。

魔力悄悄话

每天要想一想：过去的一天完成了什么任务？花了多少时间？有没有浪费时间？时间利用率如何？效果怎样？怎么改进？不断调整学习计划，使时间利用率得到提高。

多读书　读好书　会读书

高尔基说："书籍是人类进步的阶梯。"

人的一生，经历有限，不可能任何知识都从自己的亲身经历中获得，那么依靠书籍获得知识是一个快捷的途径。

书籍是人类知识的载体，它记录了人类千百年来的每一点进步，通过阅读不同的书籍，掌握各个时期、各个种类的知识，这就是读书的目的。

一个没有书籍、杂志、报纸的家庭，是缺乏动力的，人们只有通过经常接触书本，才能对学习产生兴趣，才能在不知不觉中增长各种各样的知识，才能不与社会脱节。

耶鲁大学的校长海德雷说："在各界做事的人，无论是商业界、交通界还是实业界，都这样向我说，他们最需要的人才是大学学院培养的、能善于选择书本、能活用书本知识的青年。而这种善用书本、活用书本能力的最初培养，最好是在家庭中，尤其是在那些具备各类书籍的家庭中。"可见，一个家庭的藏书对于自己、对于孩子的未来都是十分重要的。

一位原来只是补习班讲师的英文教师，后来成为一家著名英文杂志的创始人，他说他一共买了三套英文百科全书，一套缩写本随身携带，一套放在家里，一套放在工作单位，随时阅读。他以随时随地提高自己为目的，也慢慢地把自己带向了成功之途。

聪明的学生在学生时代就养成了一种重要的能力，那就是怎样从一个汗牛充栋的图书馆中，辨别选择书籍，以供阅读。这种能力将对他的一生产生很大的影响，因为掌握了如何在图书馆里寻找自己需要的书籍、资料，就等于掌握了怎样学习的方法。"工欲善其事，必先利其器。"

那么，怎样选择适合的书籍呢？大体来说，可以考虑两方面的因素：

一是根据自己的实际需要选择好的书籍

书籍是用来帮助你进行学习的，所以所选的书一定要"专业对口"。

在进行选择时，如果自己拿不准，最好向名家或有经验的人请教一下，也可以通过自己的浏览进行比较，提取精粹。

二是选择书籍时要注意"广博"与"精深"二者相结合

所谓的"广博"，就是指既要阅读与所学内容有关系的理论书籍，又要阅读文学作品；不但要阅读专业书籍，而且要阅读专业以外的书籍。

读书如果不广博，学习中就会深感力不从心。所谓的"精深"，就是指在"广博"的基础上选择最有用的一门，深入钻研、力求精通。

例如阅读文学作品，不仅要广泛阅读各种体裁的中外名著，而且应该就其中的某一类、某一部精读深钻，加以研究，争取有所发现，提出自己的新观点、新见解。

广博与精深应该是相辅相成的，应该把二者有机地结合起来。如果仅仅广博而不精深，就必然驳杂而肤浅。没有广博的基础而一味地追求精深，也不可取。

选择适合自己的书籍后，还要掌握正确的读书方法。以下列举了9种读书方法，以供参考。

1. "三步"法

宋朝的苏东坡读书提倡分"三步"：

第一步是抄一段，第二步是用三个字为题，第三步是用一字为题，别人只要提出某段的头一个字，他就能背出来。

他谪居黄州时，每次读《汉书》都作"提要"。

2. 借摘读

旧时代，革命书籍十分缺乏，徐特立在湖南时，听说书报流通社有《联共党史》上下册，就去借了来抄读。

他不全抄，而是节抄，并且做详细分析。这样，可以眼、心、手三到，便于理解深刻。

3. 翻选读

吴昌硕博览群书，曾对门生说："书不能死读，先翻翻序，看看结尾，不好不看，好的翻翻，极有价值的才值得花力气精读，要不你有多少心血能花在上面？"

4. 插缝读

学者顾颉刚陪夫人就诊的时候，也要挟书阅读，若有所得，归来即记在笔记本上。35 年间，他记的笔记竟达 160 册之多。

5. "啃""悟"读

作家张贤亮当年被打成"右派"下放农场十年，唯一能看的只有一本《资本论》，他的读法是"啃"和"悟"。

他说："古时文人三更灯火五更寒，啃的就是四书五经，以此作底，写起文章来海阔天空，头头是道。"他喜欢美国作家福克纳的作品，但他从不整篇细读，只是跳着翻看，用文学的悟性体味作者的创作精髓。

6. 选择读

朱光潜说：要知道读书好比探险，也不能全靠别人指导，自己也须费些工夫去搜求。别人只能介绍，抉择还要靠你自己。

他认为："你与其读千卷的诗集，不如读一部《国风》或《古诗十九首》；你与其读千卷希腊哲学的书籍，不如读一部柏拉图的《理想国》。"

7. 交叉读

理论家胡乔木共有 136 个 3 米高的大书架，约 3 万多册的私人藏书。他没有什么业余嗜好，休息的一大方式就是同时看5本内容完全不同的书，如哲学、外国小说、政治、剧本、自然科学类的书，同时交叉着看，以调换脑子，而在调换脑子的同时，又有所得。

8. "怪"法读

台湾作家李敖珍视书中的资料，更甚于书本身。他常把书中重要的资料影印下来，或者直接撕下，再作分门别类地"专集整理"，名曰"吸收日月精华"，等到书中的"精华"被他吸收光了，这本书对他来说也就没有多大意义了，送、卖、扔，他都没有多大意见。

9. 重复读

德国哲学家狄慈根说："重复是学习之母。"对有些难懂的书，他坚持一读再读，直到懂了记下为止。

他说：我阅读关于我所不懂的问题之书籍时，所用的方法，是先求得该问题的肤浅的见解，先浏览许多页和好多章，然后才从头重新读起，以求获得精密的知识。

阅读的过程可划分为两个阶段：

一是读者对原书内容的吸收阶段，称为继承性阅读阶段；

二是读者对原书内容的深化、再创造阶段，称为创造性阅读阶段。

从继承性阅读阶段到创造性阅读阶段有一个发展过程，需要分析判断、推理等逻辑思维，需要有丰富的知识、科学的方法等作为媒介，还需要展开想象的翅膀。

在从只继承原书内容到在此基础上创造知识的发展过程中，逻辑思维所起的作用是不容忽视的。严密的逻辑推理能使人们所发现的新问题趋于正确，减少或者避免结论的荒谬，为科学发现、发明提供一定的前提条件。

所以，要善于运用自己的逻辑思维，有选择地去阅读，去吸取有益的知识。

阅读是一种对知识的吸收过程。

阅读力就是迅速、正确地吸收书写或印刷载体的意义和能力。这种能力的大小，在一定程度上影响着阅读创造力。

阅读能力强，一般阅读创造力也强。而快速阅读的习惯，可以在更短的时间内学得更多，而且因为必须集中精神好赶上阅读速度，因而反而记得更多、更久。以下是一些可以使你记得更多、更久的高效阅读的秘诀：

1. 自我督促

一旦你习惯一种速度后，便调整一下自己的阅读速度，你的眼睛会渐渐习惯新的速度。但是千万不要快到让你的眼睛不舒服的地步，这样读得太快反而记得少。

2. 不要急于查字典

遇到任何生字，可以从前后文猜测它的意思。如果你一开始读的时候，就对内文有一个大略的了解，就较容易猜到生字的意思。

如果你无法确定生字的意思，可以把它圈起来，并折起那一页，然后继续读下去。

等你全文读完后，再回过头来查字典。

3. 运用另外一只手

把一个手指头放在下一页，一旦读到这一页的最后，尽快翻到下一页。许多人阅读时甚至会花上10%的时间在翻页上。

4. 不要开口念出来

如果你发现自己会不自觉地开口念出书本上的字或默念在心里的话，你要将阅读速度提高到开口念的速度跟不上为止。

5. 舒服的阅读姿势

阅读时要找个舒服的姿势，但是别过于舒服。不要靠着床或是软沙发，只要一张桌子便可以让你的视线自然往下看到阅读的东西；同时这样也可避免你分心或眼睛过度疲倦的困扰。

6. 保持正确态度

不要把要看的东西当作"不得不"或"无聊"的东西。如果抱着这样的态度，你就会觉得更无聊。

7. 避免干扰

干扰有两种：外在和内在。

外在：噪音、光线不足、桌面凌乱、椅子不舒服等等，都会影响你的注意力。除非你需要音乐来安抚情绪或盖掉其他噪音，否则还是关掉你的CD、收音机或录音机吧！当你嘴巴哼着歌、脚底打着拍子的时候，是不可能读得快、记得多的。

内在：内在干扰最难处理，因为你无法将它们关掉或移走。例如一边准备期末考试，一边还得担心不及格，那你八成会不及格。

8. 自己计时

计算你在10~15分钟之内可以读多少页；然后看是不是可以打破自己的纪录。

9. 设定挑战目标

自己设定希望在多少时间内读完多少页。你所设定的页数（你的目标）和时间（你的期限）会迫使你读得更快、更专心。

10. 练习

速读是一种熟能生巧的技术，练习得愈多，就会很快地内化为习惯，而成为你行为的一部分。

11. 保持轻松的态度

不要强迫自己用超过能理解能力的速度阅读。每个人阅读的速度不同，但是都可以改善、提高。你的目标不在于成为最佳的速读专家，而是要把你的阅读技巧提高到最高程度。

12. 专心

"专心"和"轻松的态度"不会互相冲突。除非你能放松（例如，边读边想其他也必须在期限内完成的事情），否则你无法真正专心。读你感兴趣的书，或设法在你读的东西中找到乐趣，都有助于提高你的专心程度。

13. 读重点

对于内容不是非常专业的长篇文章，你通常可以读每一段的第一行，就能掌握大意，另一个方法是只看重点。

14. 不划地自限

不要只接触固定主题或形式的读物。阅读样式愈多，吸收信息就愈多。

魔力悄悄话

读书能增长我们的知识，提高我们的内涵和修养。现代的人越来越忙，压力越来越大，很少有人能静下心来读书，我们实在不应该把读书这个好习惯丢掉。一个人若想改变我们的命运，不养成读书的好习惯是不行的，即使再忙，我们也应该给自己一点时间，有选择地读一些好书。

注重从实践中吸取知识

陆游云："纸上得来终觉浅，绝知此事要躬行。"有了知识，并不等于有了与之相应的能力，运用知识是一个转化过程，即学以致用的过程。中国古代有句谚语"学了知识不运用，如同耕地不播种"。

"读万卷书，行万里路"，这是说人要有较多的知识和丰富的阅历，也就是要人们能理论联系实际，善于利用知识处理各种事情。丰富的阅历是成大事者不可缺少的资本，所以，我们不但要注重书本知识，也要注重生活、社会中的知识。

如果你有很多的知识但却不知如何应用，那么你拥有的知识就只是死的知识，死的知识不能解决实际问题。因此，每个人不仅应该苦读与爱好、兴趣、职业有关的"有字之书"，同时还应该领悟生活中的"无字之书"。

重视"读世间这一部活书"——读"无字之书"，是大文豪鲁迅的主张。

鲁迅一贯主张读"无字之书"。鲁迅少年时代时常去农村，乐于与农村少年为友，喜欢到农村看社戏，他从中了解了很多农村生活，他也因此增长了不少见识，他后来创作的《故乡》《社戏》等短篇小说的生活素材都是在那时积累的。

鲁迅一生写了大量针砭时弊的杂文，也来自对"无字之书"的知识积累。如果不注意读社会现实这部"无字之书"，只知闭门做学问，他又怎么会从中看出"世人的真面目",怎么会成为"一个伟大的画家","用他手中那支强而有力、泼辣而幽默的笔,画出黑暗势力的丑陋面目呢"?

通过阅读"有字之书",你可以学习前人积累的知识、前人学以致用的经验,并从中加以借鉴,避免走贫道、走弯路;通过读"无字之书",你可以了解现实,认识世界,并从"创造历史"的人那里学到书本上没有的知识。

如果你想能尽快、尽好地读透"有字之书",必须结合读"无字之书",才能记忆深刻、牢固。因此,你在学习知识时,不但要让自己成为知识的仓库,还要让自己成为知识的熔炉,把所学知识在熔炉中消化、吸收。你应结合所学的知识,参与学以致用的活动,提高自己运用知识的能力,使你的学习过程转变为提高能力、增长见识、创造价值的过程。你还应加强知识的学习和能力的培养,并把两者的关系调整到黄金位置,使知识与能力能够相得益彰、相互促进,发挥出巨大的潜力和作用。

读"无字之书",最好在缤纷的"社会大学"中读,唯有如此,才能读得通透。

有一个农夫从一个好吃懒做的人手中买了一块地,但这时已经是5月下旬了,先前土地的主人在早春时分没有去下种,只种了些蔬菜。那个农夫买了地以后,他的邻居们都说:"春天早已过去了,来不及再耕作粮食了,只能再种些蔬菜。"但是那位农夫不这样认为,他认为,如果种晚熟的谷类目前还不算迟。因此,他就按照自己的主意去做,把那块田耕得好好的,播了些晚熟的种子,然后又很细心地去照看。后来,他竟然获得了大丰收,甚至比他的邻居收成还要好。

这个例子对于我们的生活有着深刻的启示:如果你真的有上进的志向,真的渴望造就自己,真的要决心补救早年的失却的知识,那么你必须认识到，无论遇到什么人都会对你有所助益，会使你增加一些知识与经验。如果你遇见了一个泥水匠，他会告诉你关于建筑的方法；遇见了一个印刷匠，他会告诉你很多印刷的技术；遇见了一个农夫，他会教给你农业上的种种知识。

要想知识广博，就要从各种可能的途径吸取知识。从他人的知识中获益，才能使自己的常识更为广博和深刻，使自己的胸襟更开阔，使自己的趣味更广泛，也才能使自己应付各种各样的问题。

大部分人都有过分重视大学教育的心理，而那些不曾受过大学教育的人则更加感觉到有一种自卑感。那些因家境困难或身体状况不佳而不能升入大学的人，往往认为这是一种无可挽回的损失。认为这是一生都没有办法补救的缺陷。他们甚至以为，不管以后如何自学，都于事无补，无法达到与大学教育同等程度的教育水平，他们以为通过自修得来的学识总是有限的。但他们却不知道，世上有许多负有盛名的学者从没有上过什么大学，甚至有许多人连中学的大门都没有跨进过。

爱迪生上了三个月的学，高尔基上学到五年级，华罗庚才是个初中生，而这些名人，是如何成就自己的事业的呢？其实，这都是他们勤于自学、博览群书的结果。

如果你能利用空闲的时间，去选读函授学校的课程，也能获得很好的教育。有许多早年失学的人，到了晚年竟然还去选读函授学校的课程，通过这一方式获得了种种知识，从而帮助他们的事业取得成功。

有人认为，一过最宝贵的青年时期便失去了求学的机会，一到晚年则更不能再去求学了。其实不然，实际上随时随地都有学习的机会。只要能寻求机会，能利用自己全部的空闲时间，努力进修，全神贯注来摄取知识，那么就完全可以拾遗补阙，甚至会成为某一领域的专家或学者。

其实，人无论在一生哪个阶段中，都有接受教育的可能性。到了中年以后，在很多方面的学习甚至比年轻时更有利，因为他有更多的经验，具有更好的判断力，更因为他知道光阴的宝贵，更喜于利用一切机会来学习。

有许多人少壮不努力，到了中年以后，一旦觉得知识上有缺憾，便开始努力用功，结果，竟然也会有惊人的成就。

人的一生都有受教育的时间，而我们所置身其中的世界就是一所大学校。我们所遇见的人、所接触到的事、所得到的经验，都是这所大学校里最好的学习资料。只要我们开放自己的耳目，则在每一天、每一小时、每一分钟、甚至每一秒里，随处都可以吸收很好的知识。然后，在空闲时间里，把吸收来的知识反复思考、反复咀嚼，就可以将那些零碎的知识整合成为更精湛、更有意义的学问。

因此说，往往只有"有心人"才能读懂"无字之书"，才能从中获得无限的"珍宝"。

魔力悄悄话

只有那些有心人，才能以敏锐的观察力，在平凡之中见其奇特之处，并对其加以捕捉、触类旁通、窥知奥秘。那些不愿意付出心血、对生活漫不经心的人，是绝不可能从"无字之书"中获取知识的。善读书，而不唯书，要把"有字之书"与"无字之书"进行结合起来读。

学习一门专业技能

在一个漆黑的晚上，老鼠首领带领一群小老鼠出外觅食，在一家人的厨房内的垃圾桶之中找到了很多剩余的饭菜。

正当一大群老鼠在垃圾桶及附近范围大吃一顿之际，突然传来了一阵令它们肝胆俱裂的声音，那就是一头大花猫的叫声。它们震惊之余，便各自四处逃命，但大花猫绝不留情，不断穷追不舍，终于有两只小老鼠逃避不及，被大花猫捉到，正要将它们吞噬之际，突然传来一连串凶恶的狗吠声，令大花猫手足无措，狼狈逃命。

大花猫走后，老鼠首领悠然地从垃圾桶后面走出来说："我早就对你们说，多学一种语言有利无害，这次我就因它而救了你们一命。"

这则小寓言，生动地说明了多学习和学习专业技能的重要性。

随着现代工业的发展，各行各业的分工也越来越细化。据统计，中国已经有了1800多种职业，并且还有逐年增加的趋势。分工越来越细，专业化程度越来越高，是社会发展的必然趋势。

分工的发展，要求每个在职人员工作必须要有敬业精神，必须在某个领域具备一技之长，正如管理学大师汤姆·彼得斯所说："一切价值都是由专业服务创造的。"当今企业里缺少的并不是那种空而全的管理型人才，而是那些在某个领域特别高超的专业技能的人才。

美国福特公司的一台机器某一次发生故障，各方人士检查了3个月，竟然束手无策，最后无奈请来了德国著名的工程师斯坦门茨。他经过研究和计算，用粉笔在电机上画了一条线，说："打开电机，把画线处线圈减去 16 圈。"照此做了，一切恢复正常。福特公司问要多少酬金，他说要 1000 美元。人们惊呆了——画一条线竟然这么高的价！他坦然地说："画一条线值 1 美元，知道在哪个地方画线值 999 美元。"

这就是技术的价值！

魔力悄悄话

在一个工作岗位上做得足够好，自然有利抗衡于同类竞争，免于面临惨遭淘汰的境遇，还会获得丰厚的回报。"多一门技艺，多一条路"，学习一门专业技能，是每个人立足于社会、安心于生活的有利保障。我们身处于优胜劣汰的社会之中，在时代发展进程下，实力和能力的较量将越演越烈。没有学习习惯的人，自身的能力便不会得到提高，只会在竞争中落后于人，也将得不到老板的赏识和机遇的垂青。

借鉴他人的成功经验

成功者学习别人的经验，一般人学习自己的经验。

无论想把哪一件事情做好，都要先学习其相关的技能与经验，以指导自己的行动。一个有智慧的人，都善于掌握第一手的信息，然后不断地学习他人的成功经验，不断地自我反省，纠正自己的方向，让自己在竞争中占有绝对的有利优势。

有一个贫穷的犹太人，见一个富人生活得很舒适，很惬意就告诉自己："走着瞧！总有一天，我会比他更富有，会比他过得更好！"

于是，他对富人说："我愿意在您家里为您工作3年，我不要一分钱，但是您要让我吃饱饭，给我地方住。"

富人觉得这真是少有的好事，立即答应了这个穷人的请求。3年后，穷人离开了富人的家，不知去向。

10年过去了，那个昔日的穷人已经变得非常富有；相比之前，以前那个富人，就显得很寒酸。于是，富人向昔日的穷人提出请求，愿意出10万元买他富有的经验。

那个昔日的穷人听了，哈哈大笑："我正是用从你那儿学到的经验，才赚得了大量的财富，而今你怎么又要用金钱来买我的经验呢？"

根据犹太人的经验，智慧源于学习、观察和思考。变成富人的第一条途径是向富人学习。上述那位穷人就是靠同富人共同生活，在富人的"言传身教"中学到了富人的经验和智慧，才使自己有了智慧，于是也就有了金钱。

纵观人类历史，任何一种知识都是在继承基础上增值的，任何一门科学都是人类长时间共同积累起来的智慧结晶。在科学探索和发明创造中，聪明的人们总是善于借鉴他人的成功经验为自己所用。

英国科学巨匠牛顿研究物质的运动规律，发现了万有引力定律。当牛顿在谈到这一重大科学发现时曾留下一句名言："我之所以看很远，是因为我站在巨人的肩膀上。"牛顿的这句话并不只是谦虚，牛顿对于万有引力定律的发现并不是从"零"开始，也不是"苹果落地"瞬间的辉煌，而是在"借鉴他人成功经验"的基础上实现的一种伟大超越，像哥白尼的"日心说"，开普勒的"行星运动三大定律"，胡克的"太阳吸力"等理论，都被牛顿在万有引力定律中加以继承了。

爱迪生发明电，是在法国的一本《百科全书》上看到了法拉第的《电磁学理论》；而法拉第的电磁学理论则是受益于美国化学家戴维的《电与磁》理论；瓦特发明蒸汽机，实际上并不仅仅是茶壶盖的功劳，而是两个关键性技术环节起了作用，而这两个关键性技术资料正是从学习中得来的。

"站在巨人的肩膀上"，借鉴他人的成功经验，对于我们人生和事业的启发作用，是我们靠自己苦苦摸索多少年都难以达到的。学习他人的成功经验，就要了解人们普遍存在的心理状态：

人都会追求成就感，都有被别人肯定的心理需要；

人要学习哪位榜样，必定是自己在心理上佩服他，然后才有学习的行动。

在把握了以上心理特点之后，就要时刻寻找接触榜样的机会，努力发现别人的长处和优点。不管是同学中的，还是亲友、邻居中的榜样，要首先创造自己与人家交往的机会，有时间与他们一起娱乐、一起学习、一起讨论问题。在接触中，可以融洽感情，互相影响。

勤奋——少年辛苦终身事

每个人都有他与众不同的地方，也就有他独特的长处。有很多时候，我们以最普遍的观点去衡量一个人是否优秀，认为只要是符合道德要求的，就是优秀的。否则就视为洪水猛兽，欲除之而后快。

魔力悄悄话

成功其实是一种感觉，可以说是一种积极的感觉，它是每个人达到自己理想之后一种自信的状态和一种满足的感觉！总之，我们每个人对于成功的定义是各不相同的！而到达成功的方法只有一个，那就是先得学会付出常人所不能付出的东西！有的人认为有钱、有房、有车、有女人，就是成功。有的人则认为成功是你做了一件你想做的事并且做好它。

向竞争对手学习

竞争对手是最好、最实用的教科书。

学习可以磨炼人的心性，活跃人的思维，只要不断地学习，就能使自己处于一种不断完善的状态中。我们知道，知识源于实践，但我们个人受时间和自身条件的限制，不可能什么都靠自己去实践、去经历，因此我们需要学习对手既有的经验。

特奥的父母不幸辞世，给他和哥哥卡尔留下了一个小小的杂货店。微薄的资金，简陋的设施，他们靠着出售一些罐头和汽水之类的食品，勉强度日。兄弟俩不甘心这种穷苦的状况，一直寻找发财的机会。

有一天，卡尔问弟弟："为什么同样的商店，有的赚钱，有的只能像我们这样惨淡经营呢？"

特奥回答说："我觉得我们的经营有问题，如果经营得好，小本生意也是可以赚钱的。""可是，如何才能经营得好呢？"于是，他们决定经常去其他商店看一看。

一天，他们来到一家"消费商店"，这家商店顾客盈门，生意红火，引起了兄弟俩的注意。他们走到商店外面，看到门外一张醒目的告示上写着："凡来本店购物的顾客，请保存发票，年底可以凭发票额的3%免费购物。"他们把这份告示看了又看，终于明白这家商店生意兴趣的原因了。原来顾客是贪图那"3%"的免费商品。

他们回到自己的店里，立即贴了一个醒目的告示："本店从即日起，全部商品让利3%，本店保证所售商品为全市最低价，如顾客发现不是全市最低价，本店可以退回差价，并给予奖励。"

就是凭借这种"偷"来的智慧，他们兄弟俩的商店迅速扩大，成为世界上最大的连锁商店之一。

时时处处皆学问，只要我们留心观察，勤于思考，就能发现许多成功的道理。为了快速达到成功的目的，我们很有必要向自己的竞争对手学习，因为竞争对手身上的优点，对于我们来说往往是最缺少的。

竞争对手是我们取得成功的助推器，他迫使我们进步，对手每天都在思考如何战胜我们，我们若不想被打败，就必须不断进步；对手是面镜子，他毫不留情地指出并利用我们的缺点加以进攻。对手越强大，我们自己就越强大。他帮助了我们认识自己，改正缺点，完善自我；对手是座警钟，他时时刻刻地提醒我们：无论我们取得多大的进步，都决不能自满。竞争失败的第一定律是：失败是成功之母；对手给了我们无形的压力，但也给了我们前进的动力。和对手对抗的力量，能让我们在较量中提升，在竞争中升华。

在这种情况下，向对手学习制胜之道，可以节省我们的精力和成本；从对手那里学习失败的经验，可以让我们少走弯路，少受挫折；借鉴对手的管理模式，可以让我们轻松做管理高手；效仿对手的经营理念，可以让我们转变商业思维，开阔思路；向对手学习，才能更好地击败对手。

魔力悄悄话

每个人身上都有值得我们学习的优点，特别是在竞争日益激烈的今天，向竞争对手学习，不断完善自己，不断壮大自己，越来越显示出其必要性和迫切性。

吃一堑 长一智

刘易斯·托马斯说："如果没有人向我们提供失败的教训，我们将一事无成。"

有一个渔民有着一流的捕鱼技术，被渔民们尊为"渔王"。可是，"渔王"年老的时候非常苦恼，因为他的三个儿子的捕鱼技术都很平庸，于是他经常向人诉说心中的苦恼："我真不明白，我捕鱼的技术这么好，我的儿子们为什么这么差？我从他们懂事起就传授捕鱼技术给他们，从最基本的东西教起，告诉他们怎样织网最容易捕捉到鱼，怎样划船最不会惊动鱼，怎样下网最容易请鱼入网。他们长大了，我又教他们怎样识潮汐、辨鱼汛——凡是我长年辛辛苦苦总结出来的经验，我都毫无保留地传授给了他们，可他们的捕鱼技术竟然赶不上技术比我差的渔民的儿子！"

一位路人听了他的诉说后，问："你一直手把手地教他们吗？"

"是的，为了让他们得到一流的捕鱼技术，我教得很仔细也很耐心。"渔王回答。

"他们一直跟随着你吗？"路人继续问。

"是的，为了让他们少走弯路，我一直让他们跟着我学。"

路人说："这样说来你的错误就很明显了。你只传授给了他们技术，却从来不让他们自己在实践中去犯错误，就等于没有传授给他们教训——对于他们来说，没有教训与没有经验一样，都不能成大器。"

　　人的成长是一个不断尝试、历经磨炼，最终变得聪明起来的过程。从来没有哪个人能不经历一次错误就能获得伟大的成就。只有经历了失败的痛苦，才能真正体会到成功的欢乐；只有经历了失败的考验，才有做人的成熟。只有从错误中吸取教训，才能变得成熟。成功并没有什么秘诀，就是在行动中尝试、改变、再改变、再尝试……直到成功。

　　从心理学角度讲，每一次错误带给我们心理上的烙印，比取得一个成功更深刻。我们会发现每一个人在成长过程中，你一定要犯你应该犯的错误，就是因为这些错误才推动我们不断成长。

　　人们经常害怕犯错，实际上就是害怕承担错误带来的风险。倘若什么都不做，虽然不会有失误，但是也就失去了通向成功的路。不管在什么时候，我们都不必过分地担心未来的结果，只要仔细检查眼前的步伐有没有错误失算，走一步便修正一步，那么当我们站在终点时，自然能站立得踏实又稳健。

　　当流行偶像麦当娜被问及其成功的秘诀时，她的答案简洁而精辟："我犯了许多错误，但也从中学会了许多。"这位超级明星的成功秘诀其实是众所周知的道理：吃一堑，长一智。而恰恰是在越来越艰辛、越来越复杂、节奏越来越快的工作、生活中，这一古老的道理越来越被人们重视。

　　犯了错误以后，有三种糟糕的态度是一定要避免的：掩饰错误——错误总会在某个时刻无法避免地暴露出来，而且比当初更加严重；把自己的错误推到别人头上——这种做法迟早会被人看穿；对错误过于耿耿于怀——自我批评当然是好的，但保持自信也非常重要。"犯错误并不可怕，只要职员们已经对他们的工作做出了思考！"一位公司经理说，"只有当他们犯一些常识上的错误或工作偷懒时，我才会大发雷霆。"

　　爱迪生失败过，他犯了一千次错误，他用了一千种不合适的材料去作灯丝。有个记者问他："失败一千次的感觉如何？"这位坚毅的发明家回答："电灯是第一千零一次的尝试而成功的！"为了寻找有效的灯丝材料以提高电灯的使用寿命，他和他的助手们先后试验了从世界各地采集而来的 6000 多种植物纤维。

人一生所可能犯的最大错误是，因为怕犯错而不敢尝试。赢家不怕犯错，只怕因为怕犯错而不敢尝试。有的人成功了，只因为他比我们犯的错误、遭受的失败更多。"难道有永远的失败吗？不！我宁可一千次跌倒，一千零一次爬起来，也不向失败低一次头。"抱有这种想法的人一定不会永远与失败相伴。

我们每一个人在自己不同的生命阶段。在现有的环境中，都脱离不了历史的局限性；而作为一个人在从小到大的发展过程中，必定要经历一些重要关口，摔几个跟头。可以说错误是我们的"终身伴侣"。无论事情多么糟糕，或者无论你是什么角色、什么位置，都能从这件事情上挖掘出不同的意义。虽然每个人的视角不同，也不可能有一个统一的标准。但是有一点，我们可以达成共识的，就是任何事情都没有绝对的对和错。正确是我们的目标，它引导我们前行；而错误是我们的动力系统，它推动着我们克服困难去进步，正确与错误的合力推动着个人和社会的进步。

错误是不可避免的，那么，我们如何从错误中吸取一些经验和教训来促进个人的成长呢？

1. 客观认知与接纳"人无完人"。每个人都可能犯错误，有趣的是当我们越是不能客观地认识错误，不能接纳错误时，它就会越是牢固地附在我们身上，与我们作对。如果我们允许自己犯错误，面对错误并坦诚接纳它，承认它，它就会逐渐离我们而去。

2. 善于调整自己的情绪面对错误，常常感受到负面的情绪体验。这恰恰是情绪带给我们的意义：它提醒我们要注意这个问题，要采取行动去解决这个问题。情绪具有推动力，这也是为什么错误具有推动我们前进的机制。

3. 直接学习在生活中我们通过身体力行体会到的第一手经验，可以为我们今后的生活提供极为有益的借鉴。

4. 间接学习可以通过观察、学习、研究、探讨、求助别人来了解相关经验，避免或减少自己犯错误的可能性。当一个人面对未知的时候，是非常需要得到外界帮助的。借助别人的经验，可以起到事半功倍的作用。我们在生活中可以发现，有许多经验是可以借鉴的，就是说，尽管我们没有直接看到和学习到，我们不了解背后的东西，但是仍然可以先行操作，而后去理解。换句话说，你不用知道什么是对和错，你自己先去做，在做的过程中体验什么是对和错，在实践中体验提炼理论。这种方法有助于我们在错误当中不断地改善自己。当然所有的探索都是在法律道德的框架之内来进行的。

魔力悄悄话

无论做什么事情，都有好的一面和不好的一面，关键是我们在看到不好的一面时，找到和提炼出一些具体的改进方法，从而总结经验，一步一步往前走。在错误中不断成长，在创新当中不断进步，真正去体验错误带给我们的生命的意义，感受快乐和幸福。

第六章
职场亲睐勤奋者

做出规划。今天所做的事情是为了我们有更好的明天。未来属于那些在今天做出艰难决策的人们。

—— 伊顿公司

像产品或服务一样，计划如果被管理者作为进行战略决策的工具，那么它本身也必须被加以管理和塑造。

—— 罗伯特·伦兹

计划往往夭折于实施之前，这或者是由于期望太高，或者是由于投入太少。

—— 卡特赖特

明确目标　制定计划

约翰思顿说："如果你不知道你要去向何方，便不会取得什么惊世骇俗的成就。"所有成功的人士都有一个突出的特征——做事都有明确的目标。目标是对于所期望成就的事业的决心。很多人都无法达成自己理想，其原因就在于他们从来没有真正定下生活的目标。

有人问罗斯福总统夫人："尊敬的夫人，你能给那些渴求成功特别是那些年轻、刚刚走出校门的人一些建议吗？"

总统夫人很谦虚地摇了摇头，但她又接着说："你的提问倒令我想起我年轻时的一件事：罗斯福总统夫人年轻的时候在本宁顿学院念书，想边学习边找一份工作做，并且很希望能在电讯业找份工作，这样还可以多修几个学分。她的父亲便介绍她去拜访当时任美国无线电公司董事长的萨尔洛夫将军。

萨尔洛夫将军单独接见了她，直截了当地问她想找份什么样的工作，具体哪一个工种？罗斯福总统夫人想：他手下的公司任何工种都让我喜欢，无所谓选不选了，便说道，"随便哪份工作都行！"

萨尔洛夫将军停下手中忙碌的工作，注视着她，严肃地说："年轻人，世上没有一类工作叫'随便'，成功的道路是目标铺成的，大目标也是由一个一个的小目标铺成的！"

目标一旦定下，它就成为你努力的依据，也是对你的鞭策。可以说，目标给了你一个看得见的靶子。随着你实现了这些目标，你的心中会越来越有成就感。制定和实现目标有点像一场比赛，随着时间推移，你实现了一个又一个目标，这时你的思想方式和工作方式又会渐渐改进。

制定目标有一点很重要，那就是目标必须是具体的、可以实现的。如果计划不具体，都会使你的积极性有所降低。这是因为向目标迈进是动力的源泉，如果你无法知道自己向目标前进了多少，你就会泄气，甚至放弃。目标具体，就是说你必须确定你想要的财富的数字，不能空泛地想：我这一生要赚很多钱。想一想你的目标是什么？你必须确定你追求的成功的具体评价标准。你对目标制定得越周到，对它的检视越仔细认真，成功的希望就越大。由此可见，设定一个具体可行的目标是必要的。试着每星期花一个小时，检视自己的目标，评估自己的表现，并为下一步行动做计划书。

同时，目标还有助于你评估工作的进展。如果你的目标是具体的、看得见摸得着的，你就可以根据自己距离最终目标有多远来衡量目前取得的进步。你花在检视自我人生目标上的时间越多，你的目标就越能够与你的人生结合。但是千万不要以纸上谈兵代替实际行动。要知道，没有行动，再好的目标也是一纸空文。

此外，目标需要合理的计划辅佐，因为没有任何事比事前计划更能把时间做生产性的运用。研究证实：用更多的时间为一项工作做事前计划，做这项工作所用的总时间就会减少。所以，不要让繁忙把你做计划的时间从你的工作时间中挤出去。计划可以分为长期计划和短期计划两种。长期性的工作常让你很头疼，因为它们往往难以预期，一开始认为可以很快完成的工作，最后可能不但必须延期，还耗费了你很多精力。对于短期的计划，我们可以每隔一个时间段检查它一下。

总之，工作任务的出色完成，事业宏图的最终取得，都离不开目标的确定和有效计划的实施，而且要把明确目标、制定有效行动计划作为一种习惯在自己的工作中坚持下去。以下是这一习惯养成的大致步骤：

1. 在心里确定你希望实现的目标或任务；

2. 确确实实地决定：你将会付出什么努力与多少代价，去争取你所需要的成就或达成你所希望的目标；

3. 做好时间规划。规定一个固定的日期，一定要在这日期之前做好哪些事情；

4. 拟定一个实现你理想的可行性计划，并马上进行，否则，目标就永远是空中楼阁，将打消你所有的工作积极性和对美好前景的憧憬；

5. 将以上四点清楚地写在纸上，不要仅仅放在心中依靠你的记忆力，而一定要体现为白纸黑字；

6. 每天大声朗读两次你的计划，比如在晚上睡觉以前，在早上起床以后，而且你朗读的时候，就想象自己已经看到、感觉到并深信已经拥有这些成就；

7. 时刻检测自己制定的目标的进展情况，以便及时更正自己的行动计划和纠正可能出现的错误，以确保目标是有效的、可行的。

魔力悄悄话

没有目标就不可能有成功。一些完美的计划实际上是相当简单的。每一个大公司都是从小公司发展起来的，在公司的背后一般都有一个有理想、有热情的管理者，是这个管理者的心中怀有坚定的目标把公司带向了成功的彼岸。

注重工作中的细节

培养注重细节的习惯，提高善抓细节的能力，才能少走弯路，少出纰漏，才能在通往事业成功的道路上稳操胜券。

在日常工作中，有一些事情，常常是因其"小"而被人忽视，掉以轻心；因其"细"，也常常使人感到烦琐，不屑一顾。但就是这些小事和细节，往往是工作进展的关键和突破口，是关系成败的双刃剑。

当巴西海顺远洋运输公司派出的救援船到达出事地点时，"环大西洋"号海轮消失了，21名船员不见了，海面上只有一个救生电台有节奏地发着求救的摩氏码。救援人员看着平静的大海发呆，谁也想不明白在这个海况极好的地方到底发生了什么，从而导致这条最先进的船沉没。这时有人发现电台下面绑着一个密封的瓶子，打开瓶子，里面有一张纸条，21种笔迹，上面这样写着：

一水理查德：3月21日，我在奥克兰港私自买了一个台灯，想给妻子写信时照明用。

二副瑟曼：我看见理查德拿着台灯回船，说了句：这个台灯底座轻，船晃时别让它倒下来，但没有干涉。

三副帕蒂：3月21日下午船离港，我发现救生筏施放器有问题，就将救生筏绑在架子上。

二水戴维斯：离港检查时，发现水手区的闭门器损坏，用铁丝将门绑牢。

二管轮安特耳：我检查消防设施时，发现水手区的消防栓锈蚀，心想还有几天就到码头了，到时候再换。

船长麦凯姆：起航时，工作繁忙，没有看甲板部和轮机部的安全检查报告。

机匠丹尼尔：3月23日上午理查德和苏勒的房间消防探头连续报警。我和瓦尔特进去后，未发现火苗，判定探头误报警，拆掉交给惠特曼，要求换新的。

机匠瓦尔特：我就是瓦尔特。

大管轮惠特曼：我说正忙着，等一会儿拿给你们。

服务生斯科尼：3月23日13点到理查德房间找他，他不在，坐了一会儿，随手开了他的台灯。

大副克姆普：3月23日13点半，带苏勒和罗伯特进行安全巡视，没有进理查德和苏勒的房间，说了句"你们的房间自己进去看看"。

一水苏勒：我笑了笑，也没有进房间，跟在克姆普后面。

一水罗伯特：我也没有进房间，跟在苏勒后面。

机电长科恩：3月23日14点我发现跳闸了，因为这是以前也出现过的现象，没多想，就将阀合上，没有查明原因。

三管轮马辛：感到空气不好，先打电话到厨房，证明没有问题后，又让机舱打开通风阀。

大厨史若：我接马辛电话时，开玩笑说，我们在这里有什么问题？你还不来帮我们做饭？然后问乌苏拉："我们这里都安全吧？"

二厨乌苏拉：我回答，我也感觉空气不好，但觉得我们这里很安全，就继续做饭。

机匠努波：我接到马辛电话后，打开通风阀。

管事戴思蒙：14点半，我召集所有不在岗位的人到厨房帮忙做饭，晚上会餐。

医生莫里斯：我没有巡诊。

电工荷尔因：晚上我值班时跑进了餐厅。

最后是船长麦凯姆写的话：19点半发现火灾时，理查德和苏勒房间已经烧穿。一切糟糕透了！我们没有办法控制火情，而且火越来越大，直到整条船上都是火。我们每个人都犯了一点错误，但酿成了船毁人亡的大错。

一个大的悲剧，只因21个人在本职工作中对21个小"细节"的疏忽。单纯地看，21个人每人只错了一点点。但在现实工作中的失败，常常不是因为"十恶不赦"的错误引起的，而正是由这些一个个不足挂齿的"小错误"所造成的。因此，对于工作中的任何小事及细节，绝不能采取敷衍应付或轻视懈怠的态度，这样才能从根本上防止和避免危害和损失的产生。

尽管"天下难事，必成于易；天下大事，必作于细""千里之堤毁于蚁穴"之类的道理已是耳熟能详，对细节的重要性也有较深刻的认识，但工作中能真正做到的人却不多。培养注重细节的习惯，是个人与企业共同发展的必然要求，可以从以下几方面着手去培养：

1. 改变观念

不注重细节的人，通常在日常工作中对其他注重细节的人和事也没有正确对待，比如对精打细算的人会冠以"计较、小家子气"的称谓，对关系自己生命的安全问题常会抱有侥幸心理，对善意的提醒会恶言相加，这都是主观上未对细节重视，强调个人主义的行为体现。只有在思想上对细节足够重视了，才能使自己的行为有的放矢。所以，在职人员首先要改变旧观念，提倡细节观念，并借助舆论监督力度与相关约束制度来加快观念转变的步伐。

2. 从点滴小事做起

细节存在于我们身边的每一件小事之中。节约一张纸、一滴水、一度电，养成随手关灯、关门窗的习惯是细节；严格遵守工作时间，上班不要迟到，下班时不早退，不因私事影响工作，良好的工作态度是细节；对经手的事，从时间、地点的普通了解，到准备什么、如何应对都有全盘考虑，这是细节；所出具的数据、撰写的文章、产品的工艺指标都做到没有差错就是细节；生产中减少跑、冒、滴、漏，实现安全无事故、设备无故障、装置长周期运行就是细节；对每一个工艺指标的变化，每一台设备的维护及运行情况都做到心中有数这就是细节；生活中对同事、朋友的一句问候、一声劝勉，累时端上一把椅子、渴时递上一杯水，这都是细节。当养成细节习惯后，你就会发觉无论待人接物，还是工作进展都会顺手许多，效率也会提升得多。

3. 对自己一定要"苛刻"

养成任何好习惯，都要从严要求自己。每天做好工作计划，准备好备忘录，事无巨细一件一件完成。正如别人所说的，完成一件小事比计划中的大事更有效。对上级下达的工作任务，要身先士卒，争取每一件事情都做得到点到位，不能敷衍了事。只有在一系列细枝细节上对自己严格要求，才能在不知不觉中，让一直困扰自己的粗心大意的毛病渐渐的销声匿迹。

4. 重在坚持

细节是一种思维与行动意识的高效组合。谁都想做好每件事，但有的人就是做不好，一件事不是这里出错就是那里出错。不能说他们不努力，但问题就发生了，原因就是没有坚持细节习惯的培养，一段时间做到了认真执着，一段时间就懒散松懈，做事有头无尾，总是半途而废，这样就无法真正养成注重细节的好习惯。

魔力悄悄话

每一个成功者所具备的成功品质与能力，都是由无数个细节习惯的积累而成的。因此，一旦养成良好的细节习惯，就不会再被刻意坚持好习惯与纠正坏习惯所累，相反那种水到渠成、收放自如的自控能力会让你于轻轻松松中胜人一筹。

找准自己的位置

能否对自己作出准确的定位，直接影响着一个人成功的速度，也决定了一个人的命运和前途。

在工作的团队中，每一名在职人员，都被要求在工作中必须找准自己的位置。这是因为，合理分工是合作的前提，适合的人做适合的事才能最有效率地完成工作；对于个人也才能最大地发挥自己的潜能和价值，为团队贡献自己的力量。

下面是一则关于"螺母"的故事，会让我们对于找准自身位置的重要意义予以启示：

在一家工厂中，有一天临下班时，一个男孩找到杰克，说是机器上的一个螺母掉了，让杰克去装一下。杰克随口答应，然后拿着扳手、钳子等工具和一大铁盒新旧不一、型号各异的螺母，去了男孩所在的那个操作间。刚要动手时，下班的铃声骤然响起。杰克想，机器并没有什么大毛病，只不过是需要换一个螺母，还是不要把手弄脏了，明天上班时再换吧。

次日刚上班，杰克便带着所有的工具到了那个男孩的操作间，意外地，他看到那个男孩的机器旁边正站着工厂的老板。

"你必须在两分钟之内让机器恢复运转！"老板发怒道。

杰克心想："两分钟换一个螺母，这实在是太容易了，其实连一分钟都用不到。"却不料，一盒子的螺母竟没有一个是与螺丝的尺寸、型号搭配得当的，他陷入了尴尬的沉默之中。

老板一字一顿地说："对于这台机器而言，只有那个与螺丝吻合得天衣无缝的，才能叫作螺母，其他的只能叫作废铁，现在你盒子里的全是一块一块的废铁，没有一个'螺母'。工厂就好比这台机器，工人就如同一个简单而不可或缺的'螺母'。"

在适合的工作岗位上工作的员工就是一颗公司的"螺母"，反之，对公司而言，也不过是一块毫无用处的废铁。因此，在工作的分工上，一定要找准自己的位置。

衡量一个人在某一位置上有无价值，不在于他做了多少工作，而在于他做的工作有多少是有意义的，对公司和个人的发展起到了多大的推动作用。一个最有价值的位置，并不一定适合你，不适合你的位置，对你来说就不是最佳位置。最佳位置不是最高的，而是最适合你的。一个人在选择自己的职场位置时，不要问这个职位可以为你带来多少财富，你可以从中获得多大的地位、名望；而应该问问，哪个位置可以最充分地发挥自己的才能，能够最大限度地实现自我的价值，这才是你真正需要的，只有在这样的位置，才能充分挖掘你的潜能，促进你的发展，使你雄心勃勃，将来有所作为并且能得到老板的重用、事业有成。

不要以为找准自己的位置很容易，其实人的一生，就是一个不断寻找自己位置的过程：生活中的位置，工作中的位置，家庭中的位置，学校中的位置，社会中的位置……现在的好位置不代表是永远正确的位置，要始终保持清醒的认识，不断地找到一个最适合自己发展的位置，像螺丝钉一样深入下去，才能取得最后成功。

因此，每个人在选择适合自己位置的人生舞台时，可以从以下几个方面来衡量：

1. 个人的性格

社会上几乎每一种工作都对性格品质有着特定的要求，要选择某一职业就必须具备这一职业所要求的性格特征。实践证明，没有良好的与职业要求相适应的性格品质，就不能很好地适应工作。

2. 个人的能力

你在选择职业时绝不能好高骛远或单从兴趣出发，要实事求是地检测一下自己的学识水平和职业能力，这样才能找到"有用武之地"的合适工作。

3. 个人的兴趣爱好

人们在选择从事什么行业时，往往首先想到喜欢什么，对什么感兴趣。兴趣是人所共有的，但又是千差万别人的。不同的行业需要不同的兴趣特征。一个擅长操作的人，靠他灵巧的双手，在操作领域得心应手，但如果硬把他的兴趣转移到书本的理论知识上来，他就会感到无用武之地。这种兴趣上的差异，是构成人们选择的重要依据之一。

每个人的兴趣爱好各不相同，那些兴趣广泛、爱好多样的人择业的空间就大些，他们也更能适应不同的工作岗位。广泛的兴趣爱好为选择创造了更多有益的条件。

4. 个人的气质类型

职业对人的气质都有着各自的特定要求。教师、医务工作者要求反应灵敏、细致、耐心等气质特性，律师、外交人员则要求思维敏捷，能言善辩等特点。

魔力悄悄话

每个人都要根据自己的具体情况，来选择最适合自己的职业和行业，从而找到最利于自己发挥优势的舞台，这样才能不断地靠近成功。

善于展示自己的优势

作自己的伯乐，自我推荐。是加快自我实现的不可忽视的手段。

赵孝成王九年（公元前257年），秦围邯郸（今属河北），赵王派相国平原君出使楚国，要求楚王与赵国联合起来抗击秦国。平原君打算从食客中挑出20个有智有勇的人，随同他前往楚国。他挑来挑去最终只有19人合乎条件，还差一人却怎么挑也总觉得不满意。

这时，只见毛遂主动站了出来说："我愿随平原君前往楚国，哪怕是凑个数！"

平原君一看，是平常不曾注意的毛遂，便不大以为然，只是婉转地说："你到我门下已经三年了，却从未听到有人在我面前称赞过你，可见你并无什么过人之处。一个有才能的人在世上，就好像锥子装在口袋里，锥尖子很快就会穿破口袋钻出来，人们很快就能发现他。而你一直未能出头露面显示你的本事，我怎么能够带上没有本事的人同我去楚国行使如此重大的使命呢？"

毛遂并不生气，他心平气和地据理力争说："您说的并不全对。我之所以没有像锥子从口袋里钻出锥尖，是因为我从来就没有像锥子一样放进您的口袋里呀。如果早就将我这把锥子放进口袋，我敢说，我不仅是锥尖子钻出口袋的问题，我会连整个锥子都像麦穗子一样全部露出来。"

平原君觉得毛遂说得很有道理且气度不凡，便答应毛遂作为自己的随从，连夜赶往楚国。

楚王不愿联合抗秦，平原君说服不了他。毛遂代表其他19人上台去说服楚王。楚王听说毛遂是平原君门下的食客，怒气冲冲地要他下台去。毛遂按着剑走近楚王，大声说道："大王所以敢当众叱责我，是因为楚国人多势众。但如今大王与我处于十步之内，楚国纵然强大，大王也倚仗不着，因为您的性命掌握在我毛遂手里！"楚王被毛遂勇敢的举动吓呆了。接着，毛遂又向楚王分析说，共同抗秦对赵、楚双方都有好处，道理是如此清楚、明白，没有理由反对。毛遂的一席话，终于说服了楚王。楚王决定和平原君歃血为盟，联合抗秦。

事后，平原君深感愧疚地说："毛遂原来真是了不起的人啊！他的三寸不烂之舌，真抵得过百万大军呀！可是以前我竟没发现他。若不是毛先生挺身而出，我可要埋没一个人才呢！"

毛遂的成功，就在于他的勇敢和自信。然而，在我们的身边，有着许多能力超群却默默无闻的工作者。虽然他们中间，许多人也取得了一些成绩，获得了相当的名望和地位，但其实际所发挥出来的影响力与所能够发挥出来的能力往往还有很大出入。而绝大多数的人，则是最普普通通的一群人，让人放心却不受重视，让人尊敬却不受欢迎。之所以会被埋没、遭冷落、遇挫折、被误解，就是因为这些人不善于得体地表现自己。

在职场中，不是每个人都可以幸运地慧眼发现，作为团队中的一员，要想获得赏识，脱颖而出，就必须勇于展现自己，具有主动精神，让老板看到自己的才能和价值。否则，你的才能很可能一直被忽略和埋没。

现任多普达CEO兼总裁李绍唐就曾说："我要奉劝年轻人，进入了社会，什么时候你该离开，什么时候你知道有没有前途，你要敢于敲你老板的门。"这句话实际上也是李绍唐事业成功的真实总结。

李绍唐高中毕业考上了台湾淡江大学数学系，成绩名列前茅。他想：毕业以后要干什么？当老师？当学者？这些都不是他想要的。

李绍唐的父亲早逝，清贫的家境让李绍唐从小就下定决心，将来一定要"赚大钱"。于是，第二年，李绍唐打算转入英文系。系主任问他转系的原因，他很坦白地说："我以后要赚大钱。"系主任笑着对他说："那你应该去念国贸系。"此后，李绍唐果真转到国贸系，他决心要在商界打拼。

大学毕业后，许多同龄人都去了美国留学，尽管李绍唐的托福和GRE成绩都很高，但在他看来，要想去美国还要看看家庭财务状况是否能够承担求学的费用，因此他没有去美国的打算，只是努力地找工作，想要尽快摆脱贫穷。

李绍唐把求职目标锁定在外企，因为"那里薪水高，工作也比较稳定"。他做了20份履历表，都投向著名的美商公司。最后，他等到了IBM的录取通知书。

进入IBM后，每隔3个月，李绍唐都会主动去老板的办公室问老板："我表现哪里不好？我怎么做才能做到甲等考绩？怎么做才能做到A＋？"在李绍唐的主动沟通与交流下，老板开始留意这个土生土长在台湾的"穷小子"，渐渐地放手交给他做一些重要的工作。李绍唐没有让老板失望，凭着出色的工作业绩不久便被升任高管。

在离开IBM高管的资深经理人职位后，李绍唐又担任了甲骨文（中国）华东区及华西区董事总经理，2005年10月李绍唐加入多普达任COO，2006年3月任多普达CEO兼总裁。李绍唐的成功，与其个人品质中的勇敢坚韧，与其工作中的主动精神是密不可分的。

在人才济济的职场中，想要拥有一席之地，就必须养成善于展示自己的优势和成绩的习惯，培养技巧如下：

1. 对自己有信心

有人常常对自己的能力和特长把握不准，缺乏自信心，总觉得自己这也不行那也不行。这大可不必。只要你增强一点勇气，大胆试一试，不行了再重来，权当交个学费，经受一次考验。

2. 保持锲而不舍的韧性

从某种意义上讲，展示自我是一场心理战。谁有耐心，谁有韧劲儿，谁不放弃最后的努力，谁就可能是最后的微笑者。因此，一次成功的自我展示，呈现的是一种精神、一种品格、一种良好的心理素质。

3. 克服害羞的心理障碍

在会议上或其他工作场合表现出害羞的状态，通常是展示自我才能过程中的大忌。而要获得领导的赏识、展示自己，肯定要少不了在各大公众场合与别人进行接触和交流，所以一定要克服怯场等害羞的心理障碍。

4. 适时地来宣传自己

成功属于善抓机遇的人。在恰当的场合和时机下，不时地创造一些机会表现自己，也是不错的方法。

魔力悄悄话

在公司中，在领导面前，在工作场合，注意自己的行为举止服装等外在形象，会为自己增色不少。例如，穿衣服要配合自己的个性气质，自然得体，相得益彰，千万不要夸张。男性选好西装领带，还要整理好发型，修好脸；女性应该化个明媚的淡妆，给自己信心，也是尊重别人。

激情满怀对待工作

一个人，当他有无限热情时，就可以成就任何事情。（查尔斯·施瓦布）

一个人充满激情，无论在什么公司工作，他都会认为自己所从事的工作是世界上最神圣、最崇高的一项职业；无论工作的困难有多大，或是质量要求有多么高，他都会始终一丝不苟、不急不躁地去完成它。而这样的人，也正是老板十分欣赏并会加以重用的。

13 岁的松下幸之助还在当学徒的时候，一直想独立卖成一辆自行车。可是，当时自行车是高价商品，相当于今天的汽车，即使有人想买，也轮不到松下这样的小徒弟一人去销售，顶多跟着伙计去送送车罢了。

但幸运的是，有一天，一位客户的伙计打电话来："送一辆自行车给我们看看吧。我们老板在，现在赶快送来！"刚好其他伙计不在，松下的老板对他说："看对方很急的样子，无论如何，你先送一辆过去吧。"松下听了，觉得这是一次锻炼自己的好机会，便精神百倍地把自行车送到客户那里去。松下虽然不是经销老手，却很认真地向对方老板介绍自行车的各种性能。

那时因为松下只有13岁，人家把他当作可爱的小孩。

老板看他拼命说明的模样，摸摸他的头说："你很热心，是个好孩子。好吧，我决定买下来，不过要打 9 折。"

因为太兴奋了，所以，松下没拒绝就回答说："我回去问老板！"

说完就跑回来告诉自己的老板："对方愿意打 9 折买下来。"

老板却说："打 9 折怎么行呢？算 9.5 折好了。"

这时候，松下一心一意想第一次独立成交，很不愿意再跑一次去说 9.5 折。他对老板说："请不要说 9.5 折，就以 9 折卖给他吧。"说着哭出来了。

老板感到很意外："你到底是哪方的店员呢？你怎么了？"

松下哭个不停。

过了一会儿，对方的伙计到店里："怎么等了这么久呢，还是不肯减价吗？"

老板说："这个孩子回来叫我打 9 折卖给你们，说着就哭出来了。我现在正在问他，到底是谁家的店员呢。"

伙计听了，被松下的热心感动了，立刻回去告诉他的老板。

那位老板说："他是一个可爱的学徒。看在他的份儿上，就按照 9.5 折买下来。"

这就是松下第一次的成功销售，它的成功就在于他对自己工作目标的一份激情与热忱。在此后的时间里，松下幸之助创办了松下电器公司，凭借着以往的工作精神，他成了日本经营之神。

松下在谈到自己雇佣员工的标准时说："我从不爱用那些抱怨环境、抱怨职务、待遇与自己的才能不相称的员工。我所喜欢的员工都是对工作充满了激情和热忱，充满了责任心的员工，这种员工也许本身能力并不是很出色，但他们在工作中踏实、肯干，对自己的工作不挑剔，真正能在工作上花力气，遇到困难和麻烦不会退缩。"因此，松下先生对公司雇佣到能力只能打 70 分的中等人才，不仅不急不气，反而说这是"公司的福气"。松下本人给自己打的分数也只有 70 分，然而正是这个松下口中 70 分的团体，打造了"松下"这个世界知名的品牌。

IBM 公司的人力资源部部长曾对记者说："从人力资源的角度而言，我们希望招到的员工都是一些对工作充满激情的人，这种人尽管对专业涉猎不深，年纪也不大，但是他们一旦投入工作之中，所有工作中的难题也就不能称之为难题了，因为这种激情激发了他们身上的每一个钻研的细胞。另外，他周围的同事也会受到他的感染，而产生出对待工作的激情。"

同样一份工作，由不同的员工来做，有激情和没有激情，效果是截然不同的。充满激情的人能把工作干得有声有色，创造出许多辉煌的业绩；而没有激情，懒散的人，对工作冷漠处之，当然就不会有什么发明创造，潜在能力也无所发挥。

此外，对待工作还要有恒定的热爱，保持始终如一的激情的工作精神。有这样一种现象，通常刚进公司的员工，最初接触一项工作的时候，由于陌生而产生新奇，于是千方百计地了解熟悉工作，干好工作，这是主动探索事物秘密的心理在职业生涯中的反映。而一旦熟悉了工作性质和程序，日常习惯代替了新奇感，就会产生懈怠的心理和情绪，容易故步自封而不求进取。有激情才能有积极性，没激情只能产生惰性；一有惰性会使你落伍。业绩不佳难免要被"炒鱿鱼"，这也是职业生涯中的一条规律。由此看来，你能不能与别人竞争，关键靠你的心理素质和内心动力，也就是靠坚持不懈的工作激情。

激情代表着一种积极的精神力量，它是人人都具有的，只要善加利用，就可以在工作中培养成为一种习惯，并使之转化为巨大的能量。

1. 保持快乐的心情

你对自己所从事的工作的感觉，会影响你做事的方式。你如果十分快乐地接受并实施某件事，这件工作就会更好更顺利地完成，而且你的愉悦心情可以与别人一起分享。相反，如果你对工作感到生气和不满的话，这件工作就会变得冗长，你也更有可能犯下许多错误，而周围的人也会慢慢疏远你。

因此，你要永远以微笑面对你的工作及工作伙伴、老板和部属，工作中接听电话或打电话时，心情要愉快，声音中蕴含笑意。通过这种微笑的方式，在工作中传递热情，会让你在这种氛围中对工作保持恒久的热情。

2. 学会自我激励

你也许因为缺乏动力，或是感到灰心，觉得自己无用而拖延工作。假如确是如此，你就必须改造自己，并且克服和训练你的弱点。不妨经常鼓励自己，那样会增加你的信心，并且增加你对工作的热度。你越是相信自己，你所能完成的工作就越多，做得也越好。

3. 全身心投入你的事业

假如它值得你去做，它也就值得你去研究。假如你不清楚某些具体情况，就多加观察，收集更多的资料。这也可以当作一种准备工作。它会给你一股力量去开始工作。你对自己的工作知道得越多，就越有兴趣。运用这些新的知识，你就会觉得很容易而且可以更快地完成。把你的知识与别人分享，让他们也投入这个工作。他们不但会激起你工作的热忱，而且还会支持你努力工作。

魔力悄悄话

若有人在工作上轻视你、嘲笑你或排斥你，不要因此而影响自己的工作热情，要了解这不是你的失败，而是代表对方的无知与缺乏自尊。不要参加那些互吐苦水的同事聚会。多找一些成功的、愉快的人物作为典范，多和热爱工作的人交往。有热情的人常能感染别人。

对工作富有敬业精神

一个具备敬业精神的人，在工作和事业上总会学到比他人更多的经验和能力，这些收获是推动他们事业不断向上加速的武器。

许多年前，一个妙龄少女来到东京帝国酒店当服务员。这是她涉世之初的第一份工作，也就是说她将在这里正式步入社会，迈出她人生第一步。因此她很激动，暗下决心：一定要好好干！她绝没想到：上司竟然安排她洗厕所！

这时，她面临着人生第一步怎样走下去的抉择：是继续干下去，还是另谋职业？继续干下去——太难了！另谋职业——知难而退？人生之路岂有退堂鼓可打？她不甘心就这样败下阵来，因为她想起了自己初来时曾下的决心：人生第一步一定要走好，马虎不得。

正在此关键时刻，一位前辈及时地出现在她的面前，帮她摆脱了困惑、苦恼，帮她迈好了这人生第一步，更重要的是帮她认清了人生路应该如何走。那前辈并没有用空洞理论去说教，只是亲自做个样子给她看了一遍。

首先，他一遍遍地抹洗着马桶，直到抹洗得光洁如新。然后，他从马桶里盛了一杯水，一饮而尽喝了下去！竟然毫不勉强。实际行动胜过万语千言，他不用一言一语就告诉了她一个极为朴素、极为简单的真理：光洁如新，要点在于"新"，新则不脏，因为不会有人认为新马桶脏，也因为新马桶中的水是不脏的，所以是可以喝的；反过来讲，只有马桶中的水达到可以喝的洁净程度，才算是把马桶抹洗得"光洁如新"

了，而这一点已被证明可以办得到。

同时，他送给她一个含蓄的、富有深意的微笑，送给她一束关注的、鼓励的目光。这已经足够了，因为她早已激动得几乎不能自持，从身体到灵魂都在震颤。她目瞪口呆，热泪盈眶，恍然大悟，如梦初醒！她痛下决心："就算一生洗厕所，也要做一名洗厕所洗得最出色的人！"

从此，她成为一个全新振奋的人；从此，她的工作质量也达到了那位前辈的高水平，当然她也多次喝过厕水，为了检验自己的自信心，为了证实自己的工作质量，也为了强化自己的敬业心；从此，她很漂亮地迈开了人生的第一步；从此，她踏上了成功之路，开始了她的不断走向成功的人生历程。几十年光阴一瞬而过，后来她成为日本政府的主要官员——一名邮政大臣，她的名字叫野田圣子。

从故事中，我们看到的是野田圣子对卓越的不懈追求。正是这种追求造就了这位平凡女子传奇的一生——"就算一生洗厕所，也要做一名洗厕所洗得最出色的人！"

敬业精神是强者之所以成为强者的一个重要方面，是每一个员工的使命，是每一个职业人应具备的职业道德。如果你能够在工作中富于敬业精神，把工作当成自己的事业，并对此付出全身心的努力，抱着认真负责、一丝不苟的工作态度，做到善始善终，那么，不管你现在身处什么岗位，都会在工作中脱颖而出。

阿尔伯特·哈伯德说："一个人即使没有一流的能力，但只要你拥有敬业的精神同样会获得人们的尊重；即使你的能力无人能比，却没有基本的职业道德，一定会遭到社会的遗弃。"

那些在工作中投机取巧、逃避责任、懒惰倦怠、寻找借口的人，他们总是对工作、对老板、对公司心中充满了怨言："公司把我当作廉价的劳动力，老板在剥削我。"他们对待工作不仅缺乏一种神圣使命感，而且还缺乏对敬业精神真正意义的理解。

一名优秀的员工必须能够正确地看待"敬业"。敬业，就是把握了自己的生存权。搜狐公司总经理张朝阳说："我们公司聘人的标准是敬业精神，当然，辞退的原因也和敬业有关。我认为，一个人的工作是他生存的基本权利，有没有权利在这个世界上生存，要看他能不能认真地对待工作。能力不是主要的，能力差一点，只要有敬业精神，能力会提高的。如果一个人本职工作做不好，找别的工作、做其他事情都没有可信度。如果认真做好一个工作，往往还有更好的、更大的工作等着你去。这就是良性发展。"

轻视自己工作的人，同时也轻视了自己的品格。对待工作苟且偷安、马马虎虎，自然也就得不到老板的信任。每每经过你的手而做出的一件苟且而劣质的工作，都足以损害你的声誉、办事能力以及你的人格。轻视工作的心态，对自尊心和理想是一种侮辱，它是拖累你停滞不前的敌人。缺乏敬业精神的人还将对他人、对集体造成非常严重的负面影响：松松垮垮的泥瓦工建造的房屋，会经受不住暴风雨的袭击；马马虎虎的外科大夫做起手术来，是在拿病人的生命开玩笑；懒懒散散的律师，只能是让当事人浪费金钱……

实际上，敬业表面上看起来是有益于公司，有益于老板，但最终的受益者却是你自己。当你将敬业变成一种习惯时，就能从中学到更多的知识，积累更多的经验，就能从全身心投入工作的过程中找到快乐。绝不要在平时的工作中养成懒懒散散，心不在焉，半途而废的坏习惯。这些坏习惯一旦养成，就会影响你的工作和生活。

那么，在工作中如何贯彻"敬业，敬业，再敬业"的工作精神呢？下面是几个要点，坚持去做就会有收获：

1. 树立"热爱工作"的信念

由于能力、经验、经济条件等诸多原因，你可能正从事着一项并不如意的职业。这时候，就要树立一种"热爱工作"的信念。当他有了这种信念之后，才会在工作和事业上永葆进取之心，脚踏实地的一步步向着自己的目标迈进。

李想在走出大学校门的两年时间里，频繁地跳槽，也没有找到一份既适合自己专业又让自己真正喜爱的工作。有一天，他静下心来认真地思考，最后下定决心，先把现在的工作做出色，别的以后再考虑。于是，他在工作中，利用各种因素，调动自己积极的情绪，不断想办法培养自己"热爱本职工作的信念"。渐渐地，他便能够全身心地投入自己的工作之中，因为在工作中不断的刻苦钻研，他也从中体验到了无限的乐趣，更加热爱这份工作了。

时间一长，李想的行为引起了上司的重视。现在，他已经是这家公司的一个部门经理了。尽管这个工作与他所学的专业不符，更不是他在学校时十分向往的那一种工作，但是，他已经热爱上了这份工作了。他的敬业精神，受到公司上下的一致赞誉。

俗话说："干一行，爱一行，才会爱一行，干一行。"许多人都有过李想的早期经历，或者正处在李想的早期经历之中。他们能否走出困境，让自己的工作和事业走上正途，关键就在于自己能不能培养起"热爱工作"的信念。假如不能，他们也只能是耗费青春，蹉跎自己一生的光阴。

2. 把敬业培养成习惯

由于经济高速发展，作为一名职场中人，工作的机会的确增加了不少。但是，不要因此便认为社会上到处都有机会，而在自己目前所从事的岗位上漫不经心，也不要因为对自己所从事的工作不感兴趣，而采取混日子的态度对待自己的工作。而应该努力培养自己的敬业精神，让它变成自己的一个良好习惯。

当敬业精神成为自己的一个良好习惯之后，或许不能立即为自己带来可观的收入，但它可以为自己奠定一个坚实的基础，帮助自己实现事业上的成功愿望。

虽然有许多人的能力并不突出，但是当他们养成了敬业的习惯之后，他身上的潜力便会被逐渐的挖掘出来。这样，便会提高他的办事效率，增加自己的实力，使自己成为一名优秀的职员。

吴勇资质一般，在学校里成绩和能力也并不突出。毕业后，通过万般努力，才进了一家企业当名勤杂工，勉强维持生计。尽管如此，他并不气馁，每天在自己的工作岗位上兢兢业业地工作着，同时，也不断地利用业余时间刻苦钻研。一年后，作为一名大学毕业生，才熬成一名普通的技术工人，与那些技校毕业生在同一个平台上工作着，并且技术水平还不如人家呢。但是，他的身上有一股韧劲，能够对自己的工作进行不断的探索和刻苦的钻研。五年后，吴勇的工作有了很大进展，成为这家企业的副总工程师。

3. 做事一丝不苟

做事一丝不苟能够迅速培养严谨的品格、获得超凡的智能；它既能带领普通人往好的方向前进，更能鼓舞优秀的人追求更高的境界。全心全意，善始善终，对待工作总能做到一丝不苟，力求完美是一名优秀员工必备的特质。

现代社会中，工作机会很多，常有企业招募员工，但是你千万不要以为到处都有机会，而对目前的工作漫不经心，也不要因为不怎么喜欢目前的工作而成天混日子。每一个职场中人，都应该磨炼和培养自己的一丝不苟的精神，因为无论你将来处于何种位置，做何种工作，敬业精神都是你走向成功的最宝贵的财富。

李雷大学毕业后，进入一家研究所工作。在这家研究所里，大部分人都有着硕士或博士学位，只有李雷一个本科毕业生，所以，在心理上压力很大。

但是，工作了一段时间后，他发现所里的大部分职员都根本不把工作当回事，对自己的本职工作也没有认真负责的精神。不是在工作中玩乐，就是利用上班的时间搞自己的"第二职业"，把自己的本职工作丢在了一边，但这一切并没有影响到李雷。

每天上班，李雷一头扎进了工作之中埋头苦干，还经常加班加点。很快他便提高了自己的业务能力，不久就成了所里的"顶梁柱"，并逐渐升迁为所长的助手，几年后他被提拔为副所长。当年事已高的老所长退休时，他便顺利地成了接班人。

4. 业精于勤，竭尽全力

无论做何事，务须竭尽全力，因为它决定一个人日后事业上的成败。一个人一旦领悟了全力以赴地工作能消除工作辛劳这一秘诀，他就掌握了打开成功之门的钥匙。能处处以主动尽职的态度工作，即使从事最平庸的职业也能赢取老板的赏识。

从这一点来说，对工作竭尽全力的员工，是老板最倚重的员工，也是最容易成功的员工。如果你的能力一般，全力以赴可以让你得到更好发展；如果你十分优秀，全力以赴会将你带向更成功的领域。

美籍华人丁肇中教授为了探索物质世界的奥秘，常常废寝忘食地做实验，他为了做好一个实验，常常两天两夜甚至三天三夜守候在仪器旁，经过长期潜心研究，终于发现了丁粒子，从而获得诺贝尔奖。

5. 每天多做一点

国外有一位著名的投资专家叫约翰·坦普尔顿，他通过大量的观察研究，得出了一条很重要的真理："一盎司定律"。他认为，取得突出成就的人与取得中等成就的人几乎做了同样多的工作，他们所做出的努力差别很小，可以用多一盎司来形容。但是，就是这些微不足道的一点点区别，却会让你的工作大不一样。我们常说一句话，叫"为山九仞，功亏一篑"也就是那"一篑"的差别，成了成功与失败的分水岭。

如今在每个公司，个人的工作内容相对比较确定，并不一定有许多"分外"之事让我们去做。而且，当一个人已经完成绝大部分的工作，付出了99%的努力，再"多加一盎司"其实并不难。但是，我们往往缺少的却是"多一盎司"所需要的那一点点责任、一点点决定、一点点敬业的态度和自动自发地精神。

王艳刚进公司时只是一个普通的职员，但不到一年时间就成了老板不可缺少的助手，担任了分公司的总经理。她之所以能够快速取得工作上的重大进展，就在于"每天多努力一点"。

最初，王艳注意到自己的老板在大家每天下班以后，仍然会留在办公室继续工作。因此，王艳也决定下班后留下来，以便能够为老板提供一些力所能及的帮助。

当老板需要找文件、打印材料时，王艳总是及时出现并帮助老板完成。王艳就像随时待命的战士一样，随时等待着上级的召唤。时间长了，老板就逐渐养成了王艳协助他工作的习惯……不久，王艳就获得了提升。

无论你是管理者，还是普通职员，"每天多做一点"的工作态度能使你从竞争中脱颖而出。你的老板、委托人和顾客会关注你、信赖你，从而给你更多的机会。

6. 有始有终

做事情无法善始善终的人，意志无法坚定，无法达到自己追求的目标。一面贪图玩乐，一面又想修道，自以为可以左右逢源的人，不但享乐与修道两头落空，还会因此毁掉了整个人生。

魔力悄悄话

无论从事何种职业，都要带着一丝不苟的敬业精神和严谨的工作作风，尽自己最大的力量做好它，这样才是一个合格的职业人。

像老板一样积极工作

钢铁大王卡耐基在谈到给年轻人的忠告时说："无论在什么地方工作，都不应该把自己只看成是公司的一名员工，而应该把自己看成公司的主人。"

每天早出晚归的人不一定是认真工作的人，每天忙忙碌碌的人不一定是圆满完成工作的人，每天按时打卡、准时出现在办公室的人不一定是尽职尽责的人。对于没有端正工作态度的人来说，每天的工作可能是一种负担、一种逃避，当一天和尚撞一天钟，对工作总是敷衍了事。试想，这样的员工，怎么会赢得老板的信任呢？又怎么会有机会接受更大的挑战？对每一个企业和老板而言，他们需要的绝不是那种仅仅遵守纪律、循规蹈矩，却缺乏热情和责任感，不能够积极主动、自动自发工作的员工。

事业的成功取决于态度。没有谁是一夜成名的，成功是一个长期努力积累的过程。以老板的心态对待工作，像老板一样把公司当成自己的公司，把工作当成自己的事业，这才是端正的工作态度。具有这种心态的员工是规范的、真正的、像样的员工；在这种心态的引导下，才会迎来自己事业上的长远发展。

世界著名的成功学专家拿破仑·希尔曾经聘用了一位年轻的小姐当助手，替他拆阅、分类及回复他的大部分私人信件。当时，她的工作是听拿破仑·希尔口述，记录信的内容。她的薪水和其他从事相类似工作的人大致相同。有一天，拿破仑·希尔口述了下面这句格言，并要求她用打字机打印出来："记住：你唯一的限制就是你自己脑海中所设立的那个限制。"

她把打好的纸张交给拿破仑·希尔时说："你的格言使我获得了一个想法，对你、我都很有价值。"

这件事并未在拿破仑·希尔脑中留下特别深刻的印象，但从那天起，拿破仑·希尔可以看得出来，这件事在她脑中留下了极为深刻的印象。她开始在用完晚餐后回到办公室来，并且从事不是她分内而且也没有报酬的工作。她开始把写好的回信送到拿破仑·希尔的办公桌来。

她已经研究过拿破仑·希尔的风格，因此，这些信回复得跟拿破仑·希尔自己所能写的完全一样好，有时甚至更好。她一直保持着这个习惯，直到拿破仑·希尔的私人秘书辞职为止。当拿破仑·希尔开始找人来补这位男秘书的空缺时，他很自然地想到这位小姐。但在拿破仑·希尔还未正式给她这项职位之前。她已经主动地接收了这项职位。由于她在下班之后，以及没有支领加班费的情况下，对自己加以训练，终于使自己有资格出任拿破仑·希尔的秘书。

不仅如此，这位年轻小姐高效的办事效率引起了其他人的注意，有很多人为她提供更好的职位请她担任。她的薪水也多次得到提高，现在已是她当初作为普通速记员时薪水的 4 倍。她使自己变得对拿破仑·希尔极有价值，因此，拿破仑·希尔不能看好她做自己的帮手。

作为员工，当你能够把自己当成老板来对待工作，尽心尽责地完成工作，养成这样的习惯，那么你就会从全局的角度来考虑你日常所做的工作，确定这份工作在整个工作链中处于什么位置，你就会从中找到做分内工作的最佳方法；你不会再拒绝上司派来的你有时间和精力来承担的额外工作，你会认为这是表现自己工作能力、锻炼自己技能和毅力的机会。你最终会因为这样的心态和所有的努力而把工作做得更圆满，更出色，并成为公司里最优秀的员工，你的薪水也会得到相应的提升，你的事业也会因在这一过程中所获得的知识和能力的提高而有所成就。

卡耐基在宾州匹兹堡铁道公民事务管理部担任小职员时，一天早晨在上班的途中，他发现一列火车在城外发生车祸。他想打电话给上司，却联络不上。

他知道多耽误一分钟，都将对铁道公司造成非常巨大的损失。在没有办法的情况下，他以老板的名义，发电报给列车长，指示他快速处理，并且在电报上签下了自己的名字。他知道根据公司严格的规定，这么做等于是自动辞职。

过了几个钟头，上司回到座位，发现卡耐基的辞呈，以及今天所做之事的详细情形。那一天过去了，一切正常。第二天卡耐基的辞呈被退回来，上面用红笔批了三个大字："不同意"。

几天之后，上司把卡耐基叫到办公室说："小伙子，有两种人永远只在原地踏步。第一种人不肯听从命令行事；另外一种人只肯听命行事。"这种事情让上司发现，卡耐基比那铁路警察有用多了。

卡耐基和那位主管由于对待工作的心理、行为习惯的不同而直接导致了事业发展上的差异。因此，要是你想让老板知道你是一个可造之才的话，最好、最快的方法就是积极地寻找并抓住每一个可以促进公司发展的机会，哪怕不是你的责任，你也要这么做，因为公司的事情就是你的事情。

魔力悄悄话

想当老板的员工才是好员工，但是没有当过好员工的老板成不了真正的老板。

向高难度工作挑战

一名优秀的员工，不会满足于现状，敢于同高手过招，勇于向高难度的工作挑战。

微软在进行招聘时，颇为青睐一种"聪明人"。这种"聪明人"，并非在招聘时就已是某一岗位的专家，而是一个敢于向高难度工作、向自己挑战的人。

亨利·福特说："我一直都在寻找那些拥有无限能力，并相信没有什么是做不到的人。"这句话代表了众多老板的心声。今天的社会，是一个高度竞争、充满机会与挑战的社会，受大环境影响，企业的环境也总是处于困难和竞争之中。在这种残酷的环境中，每个公司必须时刻以增长为目标才能生存。要达到这个目标，公司员工必须与公司制定的长期计划保持步调一致，而真正能做到"一致"的，只有不断挑战自己争取进步的员工。那么，对于老板而言，他们所需要的勇敢员工必须具备敢于向高难度的、"不可能完成"的工作挑战的精神。

职场中，很多员工虽然极有才学，具备种种获得老板赏识的能力，但却缺乏挑战自我的勇气，只愿做职场中谨小慎微的"安全专家"，对异常困难的工作，不敢主动发起"进攻"，一躲再躲，以为这样就不会做错事受到老板的批评，也不会因为受到老板的表扬而引起他人的嫉妒和不满。实际上，这样的员工在老板眼中是可有可无的，绝不会获得事业发展的机会。"职场勇士"与"职场懦夫"，在老板心目中的地位有天壤之别，根本无法并驾齐驱，相提并论。

西方有句名言："一个人的思想决定一个人的命运。"不敢向高难度的工作挑战，是对自己潜能的画地为牢，只能使自己无限的潜能化为有限的成就。与此同时，无知的认识会使你的天赋减弱，因为你的懦夫一样的所作所为，不配拥有这样的能力。而机会来临时，只有那些勇敢坚持尝试、时刻准备着的人才能抓住。"幸运就是机会遇到了准备"，准备的前提就是你首先要成为一个勇敢尝试的人。

莫里·威尔斯，曾被人认为最不可能进入美国超级职业棒球队竞赛联合会的棒球明星。然而在1962年，威尔斯打破了联合会伟大前辈的偷垒记录，被授予了联合会最有价值球员的称号。一个似乎是要永远待在小竞赛联合会中，注定只能在职业生涯中平平庸庸的球员变成了一位超级明星，这是因为他敢于尝试，敢于向"高度"挑战，从而才获得了成功。

很多时候，事业失败的人往往就是因为他们在心里默认一个"高度"，这个高度常常暗示自己的潜意识：成功是不可能的，这个是没有办法做到的。"心理高度"是人无法取得伟大成就的根本原因之一。我要不要跳？能不能跳过这个高度？我能不能成功？能有多大的成功？这一切问题都取决于自我暗示。因此，如果你能毫不畏惧地迎接挑战，告诉自己"我能行!"那么，你也会同那些成功的人一样，为自己的勇敢而自豪。

在1888年的大选中，美国银行家莫尔当选副总统。在他执政期间，声誉卓著。当时《纽约时报》有一位记者偶然得知这位总统曾经是一名小布匹商人，感到十分奇怪：从一个小布匹商人到副总统，为什么会发展得这么快？带着这些疑问，他访问了莫尔。

莫尔说："我做布匹生意时也很成功。可是，有一天我读了一本书，书中有句话深深打动了我。这句话是这样写的：'我们在人生的道路上，如果敢于向高难度的工作挑战，便能够突破自己的人生局面。'这句话使我怦然心动，让我不由自主地想起前不久有位朋友邀请我共同接手一家濒临破产的银行的事情。因为金融业秩序混乱，自己又是一个外行人，再加上家人的极力反对，我当时便断然拒绝了朋友的邀请。但是，在读到这一句话后，我的心里有种燃烧的感觉，犹豫了一下，便决定给朋友打一个电话，就这样，我走入了金融业。经过一番学习和了解，我和朋友一起从艰难中开始，渐渐干得有声有色，度过了经济萧条时期，让银行走上了坦途，并不断壮大。之后，我又向政坛挑战，成为一名副总统，到达了人生辉煌的顶端。"

生命是有限的。想活得积极而有意义，就要勇敢地向高难度的工作挑战。这是对自己生命的提升，也是让人生价值最大化的一个快捷途径。

另外，在向高难度工作挑战时，在职人员也要注意以下几个方面：

1. 要有明确的目标

如果没有明确的目标，仅仅是盲目地采取行动，最终也是徒劳无功的。

2. 要有自信心

自信心可以帮助一个人树立一种正确的思维习惯，能激励一个人在艰难中不断攀登的勇气和精神。

3. 不打无准备之仗

如果没有准备，便仓促上阵，很可能因为缺少支持而失败。

魔力悄悄话

一个优秀的老板，不会只看到你挑战高难度工作后的结果是怎样，他决定是否要器重你，会更看重于你敢于挑战的工作态度和头脑的运用；并且，你所经历的、所得到的，是那些始终胆怯观望的人永远都没有机会知道的——因为他们根本就不敢尝试。

忠诚于公司的利益

做对公司有益的事情，就是做对自己有益的事情。只有时刻为公司着想，才是一名合格的职业人。

忠诚是衡量一个人是否具有良好职业道德的前提和基础。它有一个最重要的特征，就是要求员工要表现出对公司事业兴旺和成功的关注，时刻忠实于公司的利益，并且不以此作为寻求回报的筹码。这已经成为众多企业衡量员工是否合格的一个客观存在的标准。

在工作岗位上，每个员工都肩负着"忠实于公司利益"的经济责任、社会责任和道德责任，因此，绝不能从事任何与履行职责相悖的事务，不能做那些有损于企业形象和企业信誉的事。否则，不但会使企业名誉受损蒙受巨大损失，也将直接影响自己的声誉和事业的发展。

张平在一家大公司供职，能说会道，才华横溢，所以他很快被提拔为技术部经理，他认为，更好的前途正在等着他。

有一天，一位港商请张平喝酒。席间，港商说："最近我的公司和你们的公司正在谈一个合作项目，如果你能把手头的技术资料提供给我一份，这将使我们公司在谈判中占据主动。"

"什么，你是说，让我们做泄露机密的事？"张平皱着眉道。

港商小声说："这事儿只有你知我知，不会影响你。"说着，将15万元的支票递到和张平面前。张平心动了。

在谈判中，张平的公司损失很大。事后，公司查明真相，辞退了张平。本可大展宏图的张平因此不但失去了工作，就连那15万元也被公司追回以赔偿损失。真是赔了夫人又折兵。张平懊悔不已，但为时已晚。

精明能干固然是一项过硬的职场资本，但如果再有本事的下属，有了异心，不对老板效忠，"身在曹营心在汉"，对于老板来讲是相当可怕的。所以，所有的老板都怕下属欺骗自己，尤其是有关公司的资产、纪律、形象，更不容许有人侵犯。每个企业内部都有许多商业秘密与业务的关键所在，一旦泄露出去，后果不堪设想。故而老板们所器重所相信的职员，都必须是忠诚可信赖的。有时宁愿把一个能力平常的下属带在身边，参与重要业务，见闻公司重大决定，只是因为这个能力平常的下属是忠心不二的。

因此，在职人员一定要注意自己的行为规范，遵守企业的职业道德，这样才能让自己的忠心被老板和企业接纳，成为老板最可信赖的，可以患难与共的心腹员工。

从某种意义上说，忠实于公司的利益，还要主动以不同的方式为公司做出贡献。积极改进，主动为公司寻找开源节流的渠道，这是每个员工义不容辞的责任。

在经济学上，有一个千古不易的致富秘诀，就是"开源节流"。所谓的"开源节流"是指在财政经济上增加收入，节省开支。对于企业来说，在资源匮乏的现今社会，想要成功就必须要有成本观念。优秀的老板都知道节约的重要性。员工学会为老板、为自己开源节流，就是为企业创造利益，就是真正做到了为老板排忧解难，从而也将因此受到老板的重用而成就一番事业。

工作中，每天节约用水、用电，节约公司的资源，都是员工忠实于公司利益的表现；如果在职人员也能时刻从自身的"开源节流"做起，将会更加巩固在老板心中的地位，也将为自己事业的发展带来契机。

从自身开源节流，表现在很多方面，如提高时间观念，减少和避免上班迟到、经常请假、无法如期完成工作任务等事件的发生。时间就是成本和金钱。只有养成控制时间成本的习惯，才能有助于工作中提升工作效率，也为你日后晋升增加了一项竞争资本。又如分期付款购买东西，或者是三思然后再决定是否购买，这也是开源节流。再如社会人际关系也可以开源节流，俗话说，"人脉就是钱脉"。平时多结交一些朋友，多与他人沟通和交流，从而拓展自己的交际圈，办起事来就会容易得多。

忠实于公司的利益，还体现在不散播不利于公司的言论。存在于公司中的一个普遍的现象是总有员工发出抱怨或牢骚。不要小看这件事，作为一名员工，到处散播你的抱怨或牢骚，会损害公司团队的凝聚力，是对公司利益的隐性损害，这不是一个合格员工所应有的行为。有任何意见或建议，你应该通过正当的渠道向上级反映，一个具备健康的组织文化的企业管理者，会给你一个最好的答复。

另外，忠实于公司利益还要求员工必须讲究诚信。弄虚作假，欺骗老板和客户，这不仅是个人品质问题，同样会关系到企业的利益和长远发展。作为企业的员工，如果连最起码的诚实和信用都不讲，那么他的各项业务活动是注定要失败的。尤其是在与客户交往过程中，只有重视自己的形象和信誉，才能在强手如林的市场竞争中保持不败。每发布一条消息，签订一份合同，承诺一桩购销协议，都应全力以赴去兑现，而不能做那种有口无心的"语言上的巨人，行动上的侏儒"，导致客户的流失，造成企业的损失。

魔力悄悄话

有一位成功者说过："自身价值的创造和实现依赖于忠诚。"主动对老板负责，加倍付出，老板也会因此而对你承担一份义务，会同样忠诚地对待你，这会让你永远无须为失业而担忧。

不要把借口挂在嘴边

面对工作，没有任何借口，是员工具有高度责任心的最佳体现。

每一个工作岗位的"一发牵动全局"的重要性，都容不下员工有任何借口敷衍工作、逃避责任。对于每一个在职人员来说，工作中出现任何问题都要从自身找原因，看自己哪里做得不够好，自己的过错就是要自己来承担。如果每一个员工都用各种各样的借口来推卸责任，一味地隐藏错误，只会致使公司内部该做的工作无人做，损害公司利益的事情无人阻拦，有利公司发展的建议无人提出，这样的公司无法立足于激烈的市场竞争之中，从而只会减慢你的成功速度，让人生留下永远的遗憾。

深圳有一家香港公司的办事处，只有一位主管和一位职员。办事处刚成立时需要申报税项，由于当时很多这样性质的办事处都没有申报，再加上这家办事处没有营业收入，所以这家办事处也没申报。

两年后，在税务检查中，税务局发现这家办事处没有纳过税，于是做出了罚款决定，数额有几万元。

这家办事处的香港老板知道这件事后，就单独问这位主管："你当时怎么想的，导致发生这样的事情？"

这位主管说："当时我想到了税务申报，但职员说很多公司都不申报，我们也不用申报了。另外，考虑到可以给公司省些钱，我也就没再考虑，并且这些事情都是由职员一手操办的。"

老板又找到这位职员，问了同样的问题。这位职员说："从为公司省钱的角度，再加上我们没有营业收入和其他公司也没申报，我把这种情况同主管说了，最终申报不申报还应由主管做决定，他没跟我说，我也就没报。"很自然地，这位主管马上就被香港的老板"炒鱿鱼"了。

其实，在工作中犯了错误并不可怕，可怕的是错上加错。面对错误，很多人明明知道是自己错了，却往往没有勇气承认，或是把错误归结于别的因素，或是把错误推到他人的身上。只有极少数的人能够站出来，大声地说："老板，这件事没有成功，是我的错……"勇敢地承认错误、承担过失是一种可贵的品质，它所得到的回报往往比你想象的更多。

还有很多员工为了避免自己工作出错后承担责任，便想出了一个自以为很聪明的办法——凡事"不做任何决定。"这一荒谬的做法在日常工作中经常可见，这些员工对于本职工作上的事，总是尽量拖延，等待别人做决定；或者找一个替罪羊，让别人当场做决定，自己按照别人的决定行事，即使错了自己也好推卸责任；有的人世事无大小，都向上司请教，接着上司的指令行事，自己也好逃避责任。这样的员工虽然可以暂时的逃避责任，但是终究会因无法胜任工作，缺乏责任心而失去工作的机会。

另外，在工作中常见的一种推卸责任的说辞是："我不知道""我不知道怎么会这样""我想尽了办法，但不知道怎样才能改善""都是他们出的主意，我不知道他们的初衷"……作为员工，工作中出了差、有了麻烦，或许事情确实像如你所说，但态度却不可原谅。遇到问题时，最先想到的应是如何想办法解决，而不是两手一摊说一句"我不知道"。

"要成功，就不要给自己寻找借口"，不要抱怨外在的一些条件，永远保持一颗积极、绝不轻易放弃的心，尽量发掘出周围人或事物最好的一面，从中寻求正面的看法，让自己能有向前走的力量。即使终究还是失败了，也能吸取教训，把失败视为向目标前进的踏脚石，而不要让借口成为我们成功路上的绊脚石。同时，把那些用于寻找借口的时间和精力用到努力工作中来，以企业为家，处处为企业的利益和长远发展着想，抛弃找借口的习惯，你就不会为工作中出现的问题而沮丧，甚至你可以在工作中学会大量的解决问题的技巧，这样借口就会离你越来越远，而成功离你越来越近。

魔力悄悄话

把借口挂在嘴边是一种不好的习惯，一旦养成了这种习惯，你的工作就会拖沓，老板会认为你这样是没有把工作和自己效力的企业放在心中的表现，就会判断你对于工作的态度是不端正的，你永远不会得到赏识，也就丧失了很多发展的机会。

不要轻易跳槽

频繁跳槽，只会分散精力，不利于经验的累积，在事业上也只会两手空空，一无所获。

招聘会上，一名男子在应聘某知名企业时，表现得十分自信。他拥有硕士学位、高级职称、11 年工作经验。人事经理对这样的高级人才非常感兴趣，他温和地询问应聘者都做过什么工作。

该男子志得意满地开始了他的一连串介绍：1994 年，我在广州××公司担任经理助理；1995 年 1 月，我在上海××集团担任业务经理；1995 年 11 月，我在北京××厂担任……随着他的介绍，人事经理的眉头越皱越紧。该男子毫无察觉，又总结性地说道："我先后在 13 家单位担任过不同的职务，所以对于企业各部门的工作，我都是比较熟悉的，而且……"

"先生，"人事经理打断了他的话，"虽然你的工作经验丰富，但先后跳槽 13 家公司，这太让人吃惊了。我们需要的是对公司绝对忠诚的员工，恐怕您不太适合在我们公司工作。而且说句实在话，您这样频繁跳槽，让我对您的能力也不得不表示怀疑。"

这位先生虽然拥有很不错的条件，但却因为频繁跳槽的习惯而遭到了拒绝。随便跳槽确实不是什么好习惯，从企业方面讲，会对你产生严重的信任危机；更糟糕的是，这种习惯会使你无法专注于自己的选择，到头来一事无成。

要想在事业上取得成功，就需要有坚定不移的耐力，因为专业知识、业务技巧都需要时间来慢慢积累。而一个频繁跳槽的人，就如同蜻蜓点水一样，个人的经验积累永远只能停留在工作的表面上。任何一个公司的内涵和企业文化不是一个人在三五个月里就能学得到的，无论是搞专业还是学管理，只有去掉浮躁，踏实进取，潜心修炼，不断学习，不断积累，才能让自己获得更快的进步，并且让自己在学习和进步中得到更多的快乐与收获，用努力工作、杰出的业务成绩赢得同事的尊重和老板的赏识，取得应有的报酬，从而成就自己的人生。

其实，"跳槽"的风险也很大，若无大决心、大魄力，最好不要轻率作出"跳槽"的决定。如果真有"跳槽"的必要，也要"三思"而行：

1. 我的本行是不是没有发展了？同行的看法如何？专家的看法又如何？如果真的已无多大发展，有无其他出路？如果有人一样做得好，是否说明了所谓的"无多大发展"是一种错误的认知？

2. 我是不是真的不喜欢这个行业？是不是这个行业根本无法让我的能力得到充分的发挥？

3. 对未来所要转换的行业的性质及前景，我是不是有充分的了解？我的能力在新的行业是不是能如鱼得水？而我对新行业的了解是否来自客观的事实和理性的评估，而不是急着要逃离本行所引起的一厢情愿的自我欺骗？

4. "跳槽"之后，会有一段时间青黄不接，甚至影响到生活，我是不是做好了心理准备？

如果一切都是肯定的，那么你可以"跳槽"。

不过，有很多事情也常出人意料，事先的评估和判断都很好，真正做下去才发现不如预期的那么顺利和乐观，转行也是如此。因此，除非真的迫不得已，否则还是不要轻易"跳槽"，这是由于：

1. 做事靠经验，经验则是累积来的，而不是可以从速成班学来的。如果你跳的是和本行毫无关系的行业，等于是把过去所累积的专业经验全部丢掉，那不是很可惜吗？而且在新的行业里，你又要花很多时间从头学起，这种时间和精力的浪费相当惊人，何况还不一定学得好。

2．"跳槽"的风险毕竟太大，若无大的决心和把握最好不要轻易去冒这个险，尤其不能听别人说那个行业如何的好，就嫌弃起自己的本行，心动又行动。这种哪边好哪边跑的心态，会让你一辈子都在"跳槽"，一辈子不得安宁。

3．如果要"跳槽"，不如从老本行出发，看看与其有关的行业有哪些，等了解清楚了再跳也不迟，这样可少花很多力气；另外要从本行的经营形态来考虑，例如不喜欢"生产"，那么可改做"批发"或"零售"，这样虽然形态改变，但并没有损害你对该行业的认识与累积的基础。

魔力悄悄话

如果你习惯于频繁跳槽，总将精力分散在下一个"更好"的工作上，那你就会永远两手空空。所以，千万要改正这种不良习惯，选定自己的发展方向后，就要踏实工作，凭着不断的积累与开拓，这样才能登上事业的顶峰。

第七章 好习惯　好人生

总以某种固定方式行事,人便能养成习惯。

——亚里士多德

坏习惯是在不知不觉中形成的。好习惯是潜移默化慢慢形成的。

——奥维德

习惯是在习惯中养成的。

——普劳图斯

大事使我们惊讶,小事使我们沮丧,久而久之,我们对这二者都会习以为常。

——拉布吕耶尔

正视习惯的力量

奥维德说："没有什么比习惯的力量更强大。"

在古罗马时期，牵引一辆战车的两匹马屁股的宽度是四英尺又八点五英寸，因此，罗马人以四英尺又八点五英寸作为战车的轮距宽度。而在当时，罗马统治整个欧洲，甚至英国的长途老路都是罗马人为他们的军队所铺设的，因此，英国马路辙迹的宽度自然也成了四英尺又八点五英寸。任何其他的轮宽在这些路上行驶的话，轮子的寿命都不会很长。所以，如果马车用其他轮距，它的轮子很快会在英国的老路上撞坏。

最先造电车的人以前是造马车的，所以电车的标准是沿用马车的轮距标准。而早期的铁路是由造电车的人所设计的，因此，四英尺又八点五英寸成了现代铁路两条铁轨之间的标准距离。

更为奇妙的是，人们的这个习惯影响到了美国航天飞机燃料箱两旁的两个火箭推进器的宽度。这是因为这些推进器造好之后要用火车运送，路上又要通过一些隧道，而这些隧道的宽度只比火车轨宽一点，因此火箭助推器的宽度是由铁轨的宽度所决定的。

所以，最后的结论是：两千年前的两匹马屁股的宽度决定了美国航天飞机火箭助推器的宽度。

这种现象就被称为"路径依赖"。"路径依赖"类似于生活中的"惯性"，日常生活中普遍存在着这种自我强化的机制。它使人们一旦选择走上某一路径，就会在以后的发展中进行不断的自我强化。

我们所说的习惯同样也是这个道理。

习惯就像是走路，人们如果选择了一条道路，就会沿着这条道路一直走下去。惯性的力量会使人们不自觉地强化自己的选择，并让你轻易走不出自己选择的道路。

1873 年，美国发明家克利斯托弗发明了世界上第一台打字机，键盘是按照英文字母的顺序排列的。

使用一段时间后，他发现打字的速度一旦加快，键槌就容易被卡住。对于这个问题，他的弟弟给他出了一个主意——将常用字的键符分开布局，这样每次击键的时候就不会因连续击打同一个区域而卡死。经过这样不规则的排列后，卡键现象果然大大减少，但是，打字的速度也相应地减慢了。

此后，在推销打字机的时候，为了增加卖点，克利斯托弗对客户说，他们是经过了大量研究后确定这样的排列可以大大提高打字速度，结果所有人都相信了他的说法。现在，人们已经习惯了这样的键面布局，并始终认为这样排列的确能够提高打字速度。

然而，后来经过国外一些数学家的研究得出结论，目前的键盘字母排列是最笨拙的一种，凭借现有的技术已解决了卡键的问题，可现在推广第二种排列的键盘似乎也不太可能，因为人们已经习惯了原有的布局。

可见，在强大的习惯面前，科学有时也会变得束手无策。但很少有人能够意识到，习惯的影响力竟如此之大。

那么，什么是习惯呢？根据《美国传统词典》的解释，将习惯作了如下三层定义：

1. 一种重复性的、通常为无意识的日常行为规律，它往往通过对某种行为的不断重复而获得；

2. 思维和性格的某种倾向；

3. 一种习惯性的态度和行为。

这一定义阐释了习惯所具有的稳定性。明代思想家王廷相所说："凡人之性成于习。"习惯与个人生活是紧密相关的。无论我们是否愿意，习惯总是无孔不入，渗透在我们生活的方方面面。有调查表明，一个人的日常活动，大部分都在不断重复原来的动作，在潜意识中转化为程序化的惯性。这些行为都是不用思考的自动运作，这种自动运作的力量，就是习惯的力量。

亚历山大帝王图书馆发生火灾的时候，馆里所藏图书被焚烧殆尽，但有一本不很贵重的书得以幸免。有一个能识几个字的穷人，花了几个铜板买下了这本书。书本身不是很有意思，但书页里面却藏着一样非常有趣的东西：一张薄薄的羊皮纸。羊皮纸上面写着关于点铁成金石的秘密，所谓点铁成金石，是用一块小圆石能把任何普通的金属变成纯金。小纸片上写着：这专用奇石在黑海边可以找到，但是奇石的外观跟海边成千上万的石头没什么两样。谜底在于：奇石摸起来是温的，而普通的石头摸起来是冰凉的。

这个穷人于是变卖了家当，带着简单的行囊，露宿于黑海岸边，开始寻找点铁成金石。他知道，如果他把捡起来的冰凉的石头随手就扔掉的话，那么他可能会重复地捡到已经摸过的石头，而无法辨认真正的奇石。为防止这种情形的发生，每当捡起一块冰凉的石头，他就往海里扔。一天过去了，他捡的石头中没有一块是书中所说的奇石。一个月，一年，二年，三年……他还是没找到那块奇石。但是，他不气馁，继续捡石头，扔石头，捡石头，扔石头……这样的动作不知道重复了多久，有一天早上，他捡起一块石头，一摸，是温的！他的第一反应仍然是随手扔到了海里！

英国教育家洛克说："习惯一旦养成之后，便用不着借助记忆，很容易很自然地就能发生作用了。"故事中的穷人，经过多少年的风餐露宿，苦苦寻觅，为的就是那块点铁成金石。可是当他找到后，他却随手扔到了海里。这正是因为"捡石头，再扔石头"的动作对于他来说已经成惯性了，以至于当他梦寐以求、苦苦寻觅的奇石出现时，迫使他做出了把石头扔到海里的令人遗憾不已的蠢事，他的多年点铁成金梦，也像肥皂泡一样顷刻破灭。

一位哲学家也曾经说过："习惯的养成有如纺纱，一开始只是一条细细的丝线，随着我们不断地重复相同的行为，就好像在原来那条丝线上不断缠上一条又一条丝线，最后它便成了一条粗绳，把我们的思想和行为给缠得死死的。"的确，习惯虽小，却影响深远。

魔力悄悄话

习惯对于我们的生活有绝对的影响，因为它是一贯的，在不知不觉中，经年累月影响着我们的品德，决定我们思维和行为的方式，左右着我们人生的成败。因此，正视习惯，了解习惯对于我们生活和人生的影响，将有助于我们更好的驾驭习惯，开创一个美好的人生。

好习惯　好人生

好习惯塑造好人生。

有的人一生顺利，有的人命运多舛；有的人事业辉煌，有的人碌碌无为；有的人屡败屡战，最终成功；有的人竭力奋争，结果一事无成。人生的后面似乎有一只神奇的手在指挥着每一个人。其实这只无形的手不是别的，正是人的习惯。

美国建国期间的伟人富兰克林有一个习惯，每天晚上都要把一天的情形重新回想一遍，看看自己哪些方面存在着不足。他曾为自己总结出13个很严重的错误，如浪费时间、为小事烦恼、和别人争论冲突等。在富兰克林看来，除非他能够减少这一类的错误，否则就不可能有什么成就。此后，他便一个礼拜选出一项缺点来进行"搏斗"，然后把每一天的"搏斗"结果做成记录；到了下个礼拜，他会另外再挑出一项缺点，去做另一场"搏斗"。正是这一检视自我并努力改正缺点的习惯，使富兰克林取得了如此巨大的成功，成为美国历史上最受人敬爱也最具影响力的人。

苏联宇航员加加林乘坐"东方"号宇宙飞船进入太空遨游了108分钟，成为世界上第一个进入太空的宇航员。这个荣誉不是每个人都能得到的，他能在20多名宇航员中脱颖而出，是一个良好的习惯成全了他。在确定人选时，20个候选人实力相当，跃跃欲试。在演习之前，主设计师发现，在他们之中，只有加加林一个人是脱了鞋进入机舱的，其实脱鞋进入机舱只是他心细的个人习惯，他怕弄脏机舱。主设计师看到有人对他付出心血和汗水的飞船这么倍加爱护，当时非常感动，于是，他当即决定让加加林执行试飞。

一个动作，一种行为，多次重复后就能进入人人的潜意识，变成习惯性动作。人的知识积累、才能增长、极限突破等等，都是行为不断重复成为习惯性动作的结果。有些人过于在意那些优秀的强者表现出来的天赋、智商、魅力和工作热情，而实际上，我们把那些表现归纳分析，就会发现实际上存在一个简单的要点：那就是习惯。在我们身上，好习惯与坏习惯并存，我们要改变自己的命运，走向成功，最重要在于丢掉坏习惯，培养和凭借好习惯的力量去搏击风浪。

魔力悄悄话

每个人都关心自己的命运，都希望在生活和事业中取得成功。你无须靠学历，无须靠亲朋，只需具备和养成了成功的好习惯，就可以掌握自己的命运，走上成功的坦途。

别让坏习惯害了你

坏习惯是阻挡成功的玻璃墙。

很多成功的人并不一定比别人更聪明、更有天分，但他们一定比别人更勤奋，更有恒心和毅力。

正是因为他们有了这些良好的习惯，他们才能不断地获得更多的知识，变得更有毅力，更执着于梦想和目标；失败的人并不一定比别人愚蠢，但是他们往往优柔寡断、不思进取，缺少信心和毅力，正是因为坏习惯，阻碍了他们迈向成功和幸福的进步。

事物总是一分为二的，凡事都有其两面性。习惯也是一样，有正面就有负面。

正面的是好习惯，有助于我们的成功；而负面的坏习惯，则会导致我们的失败。

好习惯是步入成功的基石，而坏习惯是阻碍成功的恶魔。

北京有一家外资企业招工，对学历、身高、相貌的要求都很高，但薪酬待遇在同行业很有竞争力，所以有许多高素质的人才都来应聘。

有几个年轻人，过五关斩六将，到了最后一关：老总面试。这几个年轻人想，这很简单，只不过走走过场罢了，准十拿九稳了。

一见面，老总却说："很抱歉，我有点急事，要出去 10 分钟，你们能不能等我？"

几个年轻人说："没问题。"

等到老总走了，几个年轻人一个个踌躇满志，得意非凡，闲不住，便围着老总的大写字台看，只见上面文件一摞、信一摞、资料一摞，年轻人你看这一摞，我看那一摞，看完了还交换。

10分钟后，老总回来了，说："面试已经结束。"

"没有啊？我们还在等您啊。"

老总说："我不在的这一段时间，你们的表现就是面试，很遗憾，你们没有一个人被录取。因为本公司从来不录取那些乱翻别人东西的人。"

这几个年轻人一听，顿时都后悔莫及，他们困惑地说："我们长这么大，就从来没有听说过不能乱翻别人的东西。"

在我们的日常生活和社会生活中，因为这样的坏习惯而毁掉自己前途的事情还有很多。习惯作为我们的终身伴侣，是最好的帮手，也可能成为我们最大的负担；它会推着我们前进，也可以拖累我们直至失败；它是所有伟人们的奴仆，也是所有失败者的帮凶。

习惯一旦形成，就极具稳定性，心理上的习惯左右着我们的思维方式，决定着我们的待人接物；生理上的习惯左右着我们的行为方式，决定着我们的生活起居。日常的生活本身就是习惯的反复应用，而一旦遇上突发事件，根深蒂固的习惯更是一马当先地冲到最前面。习惯是通往成功的最实际的保证，可是也会成为通向失败的最直接的通道。因此，一定要养成良好的习惯，摒弃那些有趋势要形成的坏习惯，改正那些已经形成的不良习惯。

故态复萌是习惯改变的最主要障碍，80%地试图改变坏习惯的人会在90天内复发，不论是什么习惯——包括抽烟、酗酒、赌博、贪食、不可抑制的购买欲或过度工作。

心理学家曾把复萌归于人们不能抵抗老习惯所产生的生理的心理上的渴求。这种渴求在最初几天或几周确实是很难抵御的。但是，许多人却是在最困难时刻已经过去后复发。

为什么功亏一篑？心理学家只得另找原因。他们发现生理上需求及自我克制缺乏是一个原因，"但更重要的是因感情上的苦恼"所致。心理学家普罗克斯卡认为，80％的人是在他们感到气愤、忧虑、抑郁、烦恼或孤独时恢复坏习惯的。

坏习惯并不是无法改变的，只要你高度地重视它，持之以恒地摒弃它，用一个新习惯（同样使你感到满足的）来代替它，就没有不能改变的。这似乎十分困难，但下述具体方法有助于你的成功：

1. 以新代旧

在改变坏习惯的过程中，虽然老习惯被戒了，但在一段时间内情感需求却并未告终，因此用一种新习惯来代替原来习惯所产生的满足感是必要的，如体育活动、跳舞。要在事前培养新习惯而不能等到渴望袭来时再培养。同时注意，老习惯在什么场合会出现，就在同样场合采用新习惯，例如抽烟时使你的手中有物在握，则在烟瘾来时可以以编织或玩乐器取代。

2. 避开诱因

如果你总在饮咖啡时吸烟，就改为喝茶或喝其他软饮料；如果午间休息引起你购物欲，则在这时安排体育活动；如果因为与某些朋友在一起就要饮酒，就改变交往对象。

3. 目标适中

不要把目标定得太大太远，例如改变花钱大手大脚的习惯就可以买一辆新汽车，这目标定得太大而难以实现。不如先定小目标，再逐步扩大战果。

4. 求得支持

许多戒除不良习惯的人都体会到，别人的支持对自己来说十分重要，是防止复发的有效手段。这种支持可以来自家庭、朋友和志同道合的同事。先向他们谈你戒除坏习惯的计划，请他们监督你。当诱惑到来时，他们就会帮助你克服困难。

5. 自我奖励

在改变过程中，每有一次进步或突破——如戒烟已一周，便可以自我奖励一下，比如买一些自己喜欢的东西。这是增加动力的好方法，它将赢得下一次的成功。

6. 不找借口

"我只是晚了一分钟""这支烟是抽着玩的"，诸如此类的借口，其实都是故态复萌的先兆，应当控制自己的意志，防止半途而废。

魔力悄悄话

　　当一个个坏习惯被好习惯逐个取代时，你就会变得越来越善于改变自己的习惯，并拥有很多好习惯。这样，你距离成功，距离美好的生活也就越来越近了。改变习惯，从现在开始，不要拖延。

让好习惯成为你的第二天性

用智慧培养出来的习惯，能成为第二天性。（培根）

看似不起眼的小习惯和习以为常的老习惯，有时是决定一个人命运的关键。那么，怎样才能让自己具备通往成功的好习惯呢？

"习惯养得好，终身受其益"；"少小若无性，习惯成自然"。人出生的时候，除了脾气会因为天性而有所不同外，其他的东西都是后天形成的，是家庭影响和教育的结果。

美国学者特尔曼从 1928 年起对 1500 名儿童进行了长期的追踪研究，发现这些"天才"儿童平均年龄为 7 岁，平均智商为 130。成年之后，又对其中最有成就的 20% 和没有什么成就的 20% 进行分析比较，结果发现，他们成年后之所以产生明显差异，其主要原因就是前者有良好的学习习惯、强烈的进取精神和顽强的毅力，而后者则甚为缺乏。

可见，习惯是经过重复或练习而巩固下来的思维模式和行为方式，例如人们长期养成的学习习惯、生活习惯、工作习惯等。当你不断地重复一件事情，最后就有了应该和不应该，并且形成了所谓的真理。可见，习惯是由重复制造出来，并根据自然法则养成的，就如我们的一言一行都是日积月累养成的习惯，那么，习惯完全可以经过主动积极的改变而重新培养和形成。

在通往成功的路上，多一个好习惯，心中就会多一分自信；多一个好习惯，人生就会多一次成功的机遇；多一个好习惯，生命里就会多一种享受美好生活的能力。要想建立良好习惯，就必须专注执着、持之以恒。

习惯问题专家周士渊说："目标就像织女，是你所追求的漂亮的东西，而习惯则像是牛郎，勤恳、踏实。目标和习惯加起来就是'牛郎织女'。"

周士渊在解释这一对"牛郎织女"时说道："有了目标，你一定要为这个目标设定一些习惯，等习惯养成了，离目标的实现也就不远了。而有了好的习惯，你也可以为这个习惯找一个目标，使自己更有成就感。当然这时说的目标一定要切实可行，习惯也要数字化。因为习惯是抽象的东西，只有量化后才好执行，比如每天跑步半小时等。""习惯就像烧开水一样，"周士渊说，"烧烧停停水永远不会开，刚热了又凉了，只有一股劲将它烧到100℃，你就成功了。所以，习惯要'五动'，即启动、恒动、自动、永动和乐动。"

简单的事天天做就成了不简单，容易的事认真做就成了不容易。当你的"好习惯"成为习惯后，一切规律都将改变，你也会自然而然地维持你的好习惯。

下面是培养良好习惯的过程与规则：

1. 在培养一个新习惯之初，把力量和热忱注入你的感情之中。对于你所想的，要有深刻的感受。记住：你正在采取建造新的心灵道路的最初几个步骤，万事开头难。一开始，你就要尽可能地使这条道路既干净又清楚，下一次你想要寻找及走上这条小径时，就可以很轻易地看出这条道路来。

2. 把你的注意力集中在新道路的修建工作上，使你的意识不再去注意旧的道路，以免使你又想走上旧的道路。不要再去想旧路上的事情，把它们全部忘掉，你只要考虑新建的道路就可以了。

3. 可能的话，要尽量在你新建的道路上行走。你要自己制造机会来走上这条新路，不要等机会自动在你跟前出现。你在新路上行走的次数越多，它们就能越快被踏平，更有利于行走。一开始，你就要制定一些计划，准备走上新的习惯道路。

4. 过去已经走过的道路比较好走，因此，你一定要抵抗走上旧路的诱惑。你每抵抗一次这种诱惑，就会变得更为坚强，下次也就更容易抗拒这种诱惑。但是，你每向这种诱惑屈服一次，就会更容易在下一次屈服，以后将更难以抗拒诱惑。你将在一开始就面临一次战斗，这是重要时刻，你必须在一开始就证明你的决心、毅力与意志力。

魔力悄悄话

古希腊哲学家亚里士多德说过："优秀是一种习惯。"既然好习惯可以通过培养来取得，我们便可以运用自己的智慧与毅力使我们的优秀行为习以为常，变成我们的第二天性，让我们习惯性地去创造性思考，习惯性地去认真做事情，习惯性地对别人友好，习惯性地欣赏大自然，让优秀与成功成为我们的习惯。

第八章
有志者　当勤奋

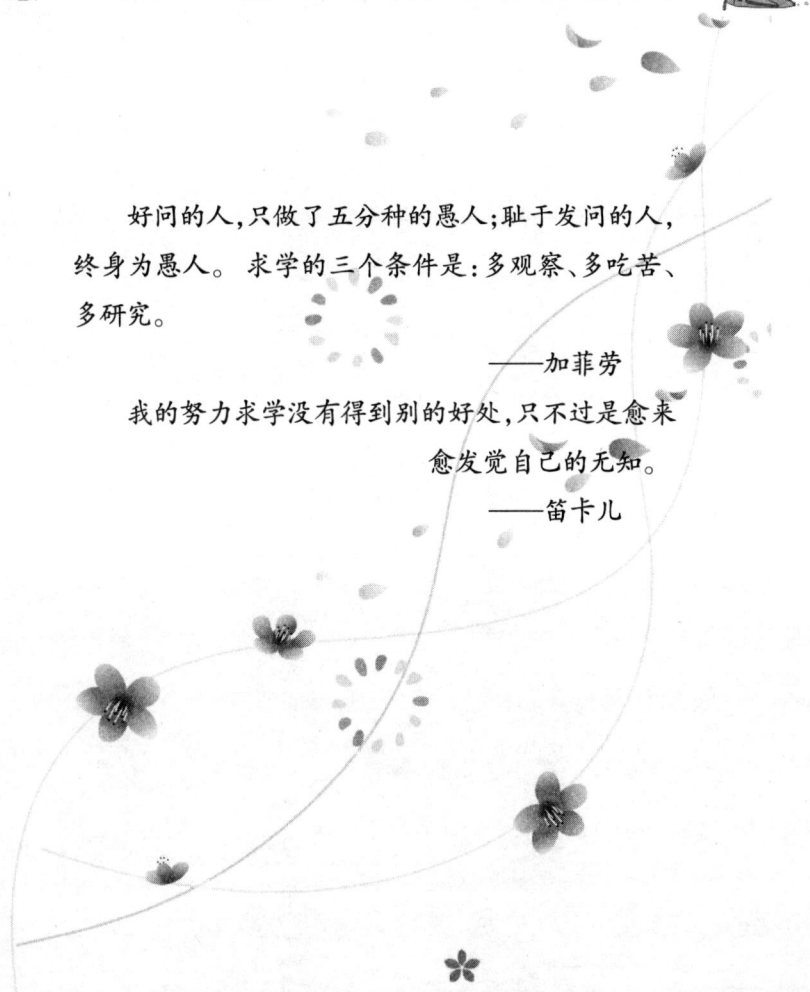

好问的人，只做了五分种的愚人；耻于发问的人，终身为愚人。求学的三个条件是：多观察、多吃苦、多研究。

——加菲劳

我的努力求学没有得到别的好处，只不过是愈来愈发觉自己的无知。

——笛卡儿

别被虚幻的光明迷惑

人们总认为黑暗是一块绊脚石。如果我们把"黑暗"和"光明"拿来让大家选，大家可能都会不假思索地选择"光明"。因为光明可以带给我们希望，照亮我们前进的道路，使我们在前进的道路上一帆风顺。

黑暗和光明是不可分割的，如果没有了黑暗何来的光明呢？我们来看看下面这个例子：

一个商人在翻越一座山时遭遇了土匪，商人立即逃跑，但后面的土匪却还是穷追不舍，在走投无路时，商人钻进了一个山洞。在山洞深处，商人未能逃脱土匪的人追逐，黑暗之中，他被土匪逮住了，还遭到一顿毒打，土匪不仅抢走了商人身上的财物，而且还把商人准备在夜间照明的火把也抢走了，幸好土匪并没有要他的命。商人和土匪在山洞中都迷失了方向，黑暗之中，两个人各自寻找着洞的出口，山洞不但深而且还是非常的黑，并且洞中有洞，纵横交错。土匪将抢来的火把点燃，他能看清脚下的石块，能看清周围的石壁，因而他不会碰壁，不会被石块绊倒，但是，他走来走去，就是走不出这个洞，最终，他力竭而死。商人虽然失去了火把，没有了照明，他在黑暗中摸索行走得十分艰辛，他不时碰壁，不时被石块绊倒，跌得鼻青脸肿，但是，正因为他置身于一片黑暗之中，所以他的眼睛能够敏锐地感受到洞口透进来的微光，他迎着这缕微光摸索爬行，最终逃离了山洞。

这个故事告诉我们：在黑暗中我们能看到光明；在黑暗中我们能看见前方的一束光亮，能使我们在黑暗中摸索出路，一步一步地迈向胜利的曙光。许多身处黑暗的人,磕磕绊绊,但坚持不放弃,最终走向了成功。上例中的商人如果没有这份豁达,他在失去火把时就有充足的理由使自己失望,坐下来静静地等待死亡的到来。可他并没有这样做,他的豁达,使他不屑于眼前重生的困难,不为自己添加心理负担,才使他有勇气走下去。如果没有这份坚持,他早就放弃了,他是不会战胜困难并走到最后的成功的。海伦·凯勒是一个盲聋哑人,她的生活中没有绚丽的色彩,没有动听的声音,她甚至没有梦,没有希望。她的世界一片黑暗,可她最终以超人的毅力使自己战胜了黑暗,赢得了光明。她,就是凭着自己的一份坚持才走到这步的,我们需要的,就是这份坚持。

现实生活中也有许多"山匪"的缩影,他们很多人都被眼前虚幻的光明所迷惑,在世俗的旋涡中越陷越深,最终迷失了自己的人生之路。人的一生不可能是一帆风顺的,总会有些挫折,如果你那么容易就绝望、放弃、沉沦,那么你的结局会是个悲剧!我们都应该向那个商人学习,学习他的豁达,学习他的坚持,就算你身处黑暗之中,就算你没有火把来照明,你也能走向光明。

我们不要惧怕黑暗,要勇敢地在黑暗中找到希望、胜利、未来。黑暗不是绊脚石,而是让我们站在石头上,更接近阳光。

人的一生都要面对逆境的考验,在逆境面前叹息、悲观和失望都是无济于事的,只有持积极乐观的态度正视它,在逆境中磨炼自己的意志,才能化逆境为优势,最终定能实现"柳暗花明又一村"。

李嘉诚说:一个人只有面对和忍受逆境的痛苦,这个人成功的机遇才能表现出来。

从古到今,一切杰出人物,他们并不是一帆风顺的,留下"千古绝唱,无韵之离骚"的司马迁受宫刑,在痛苦煎熬中凭着顽强毅力完成了巨著——《史记》;屈原放逐乃赋《离骚》;春秋时左丘明写《国语》,披星戴月达 21 卷,被誉为《春秋外传》……这些圣人都是在逆境中度过的。发明大王爱迪生因被认为是低能儿被迫在小学就退了学;失聪,意味着一个音乐家生命的结束,然而贝多芬却完成了《命运交响曲》这部不朽的乐章。居里夫人在穷苦的生活中也没有放弃对放射性元素"镭"的研究，最终获得诺贝尔物理学奖……他们都在困难中取得了成功。

在人生道路上，不可能是一帆风顺的，大多数人的人生道路是崎岖不平的。然而，正是由于这曲折的人生风景线，才使得生命更充实，更有意义；正是这种逆境中的"抗争"，我们才能走向光明。

英国著名的激励大师科布登是一位农民的儿子，年纪很小就被送往伦敦，在一家公司的仓库当童工。科布登是个勤奋、规矩的孩子，工作之余非常喜欢追求知识。但是，他的主人却认为读书对他的工作毫无助益，警告他别读太多的书，然而，科布登不听，还是喜欢读书。

不久，他获得了提升，从一个仓库管理员升任为推销员，继而建立起大量的人脉关系，奠定了他往后经商的基础。

事业有成之后，科布登对于公共事务颇感兴趣，尤其对教育情有独钟，后来，便把财富和毕生精力都奉献在激励人心的事业上。

他凭着毅力与恒心，坚持不懈地努力实践，终于成为最具说服力和震撼力的心灵演说家，就连一向不苟言笑、鲜少赞扬别人的罗伯特·皮尔爵士也对科布登的演讲予以高度肯定。

许多激励大师都推崇说，科布登无疑是那些出身贫寒，却能充分发挥自己的价值和才能，并跻身上流社会、受人尊敬的最完美例子。

魔力悄悄话

无形的知识和智慧无法承传，再多的金钱也买不到智慧和自我修养的成果。想要获得成功，就少说废话，多流汗水，除了辛勤踏实、努力实践，一步步脚踏实地走过去，真的没有其他秘诀了。

把困难踩在脚下

人生在世，难免会遭遇不如意的事。在生活中，我们经常听到有些人抱怨自己太平庸，没有什么大才气；也有的人抱怨自己的家景太普通，不能给自己的成功以帮助；还有的人抱怨周围人不愿合作，影响了自己做事的速度……他们不停地抱怨着，怪父母、怪朋友、怪同学、怪自己，甚至怪天气、怪马路上来来往往的车辆。然而，生活告诉我们：只会抱怨的人是无法把事情做好的。一味抱怨是没有用的，反而会导致你失败。人的潜力是巨大的，只要你下决心去做一件事，十之八九能达成心愿。

我们很难找到一个成功人士会对环境大发牢骚，抱怨不停，烦躁不安。相对的，我们却常常见到老实人不断抱怨环境恶劣，社会不公。正确的应先改变自己的态度：工作的态度，学习的态度，生活的态度，把生活中很多自己没有处理好的细节，积极地去处理，而不是不顾一切地去抱怨什么。

一头老驴，掉到了一个废弃的陷阱里，很深，根本爬不上来。主人看它是老驴，懒得去救它，让它在那里自生自灭。那头驴一开始也放弃了求生的希望，并且，人们不断地往陷阱里倒垃圾。按理说老驴应该很生气，应该天天去抱怨，自己倒霉掉到了陷阱里，它的主人不要它，就算死也不让它死得舒服点，每天还有那么多垃圾扔到它旁边。

然而，有一天，它决定改变自己的态度，它每天都把垃圾踩到自己的脚下，从垃圾中找到残羹来维持自己的生命，而不是被垃圾所淹没。终于有一天，它重新回到了地面上。

　　老驴的故事告诉我们：无论现实多么不如人意，我们都要有一个正确的态度。很多时候，决定一切的是态度，有了正确的态度，就可以将压力转化为动力，踏上成功之路。

　　埋怨太多的人，只能吃"老本"，造成不思进取，裹足不前，不可能得到发展。埋怨是成功的坟墓，是人生的泥潭。少一些埋怨，多一些主动。

　　在我们的周围总能听到这样或那样的埋怨，被领导批评了、工作压力大了、工资低了、物价又上涨了……只要生活在这世上，就会有着让人报怨不完的事，许多人总是疑惑怎么有太多的不如意发生在自己身上？怎么别人的路总是比自己平坦？生活太不公平了！要清楚的是，埋怨毫无益处，只是给自己带来不好的结果。

　　有时埋怨就像魔鬼一样控制着人们，致使人们不能成功。而那些心里充满怨恨的人，是因为事情不如意而对自己认为原因所在的人或事物表示不满。它是人心理中的一种偏激倾向，带有强烈的主观色彩，严重制约着人和事物的发展速度。有一个令人啼笑皆非的故事，是说有一个樵夫，总觉得自己需辛苦工作才能有收入，心理不平衡。有一天，他越想越气，便在吃中饭时对着妻子大大的埋怨一番，弄得妻子的心情也不好，并迁怒到正在厨房里做菜的女儿，女儿也很火，盛怒之下，煮饭时不小心，多放了一匙盐，樵夫吃了更火了！觉得自己的人生已经够悲惨，居然连顿好饭也没得吃。

　　于是，饭后他气冲冲地回到山上去砍柴，一边砍，一边气急地对其他的樵夫诉说着自己那"倒霉的人生"，他越讲越气！砍柴时一个不小心，斧头脱手飞了出去，打中了一个路人，那路人不是别人，而是邻国王子，他正好路经这里。邻国国王气得派兵大举进攻，一场战争就此爆发。

　　一场战争，居然间接导因于一顿充满抱怨声的午餐。可见，抱怨只会给我们带来更多的不幸！

　　伟大的航海家哥伦布，曾先后4次率领船队横渡大西洋，发现了加勒比海内所有的岛屿，以及中美洲地峡和南美洲大陆。他能够在航海事业上取得如此大的成就，原因就是，他远离了对人生、对生活的抱怨。

1492 年 8 月的一天，哥伦布带领着一行人出发了，他们由西班牙国王派遣，去寻找"新大陆"。船队在无边无际的大海上航行了一个多月后，始终不见陆地的影子。眼前能看到的只是一望无际的海水。船上的水手们开始沮丧，后悔不该跟着这个叫哥伦布的疯子去找什么鬼陆地！有的水手懒洋洋地躺在甲板上、船舱里，对哥伦布骂骂咧咧的，有的水手则忍不住去质问哥伦布："海军上将先生，你究竟要把我们带到哪里去？""陆地在哪儿呀？只有鬼才知道？""我不想干了，我要回去！"然而，哥伦布始终没有动摇，也没有抱怨，他只是不停地行动着。他看了一位大学教授送给他的地球仪和穿越大西洋的地图后，意志更坚定了。他信心百倍地对队员们说："3 天之后就能够找到陆地，到那时，我将付给大家双倍的工资。"

果然，一天清晨，船上的一名水手站在高高的桅杆上惊喜地叫了起来："陆地！陆地！陆地！"大家借着惨淡的月光，看见了不远处平坦的沙丘。他们拥抱着，跳跃着，有的船员甚至兴奋得跳起舞来。这块陆地被哥伦布命名为圣萨尔瓦多，那些曾经不停抱怨的人都感到很害羞，他们现在开始佩服哥伦布了。

在陆地上考察了两个多月后，哥伦布将 39 名水手留在岛上，为他们建筑了房屋，为他们留下了一年吃的东西，自己则带着其他水手驾船返航。在返航途中，轮船不幸遇上了令人心凉胆战的暴风雨，被风刮起的巨浪汹涌着冲向船只，扑打着甲板，桅杆被吹断了，风帆也被刮得四分五裂。大家都感受到了死亡的到来。于是，一些水手又开始抱怨了。他们骂是哥伦布把他们带向死亡的，骂自己太蠢，为什么不留在陆地上？他们还埋怨天气，埋怨轮船太破……但是，哥伦布仍镇静地做着他认为应该做的事情。其实他比船上的其他人更清楚面临的是怎样的困难，但他想到的不是抱怨，而是怎样面对已经发生的问题，怎样去解决问题。

　　为了能把航海的情况报告给西班牙国王，哥伦布让船员把他捆在一张固定的椅子上，在膝盖上绑了一块大木板，找来羊皮纸，把发现新大陆和 39 名水手留在岛上的情况都记了下来，然后把纸裹在一块涂了蜡的亚麻布里，塞进小木桶。做好这些以后，他解开捆在身上的绳子，跌跌撞撞地走上了甲板，把桶投进大海。幸运的是，轮船最终经受住了飓风的袭击，曲曲折折地回到了西班牙。他带回的鹦鹉、长矛、华丽的羽毛等物，使西班牙人认识了另外一个世界。

　　哥伦布的成功是由多种因素构成的。而他面对困难时没有抱怨是他成功最重要的原因，如果他遇到困难的时候总是抱怨个不停，他就不能果断地采取行动，就不能找到陆地，更不能安全返回西班牙。他的与众不同之处，就是远离抱怨，冷静地面对现实，接受事实，并积极想办法解决问题。这才是一个成功者遇到问题时应该采取的态度。

　　我们经常看到一些人处于这样的状态：几乎对任何事情都不满，好像自己前世是皇孙贵族，怎么都不能接受当前的平凡生活。有一对夫妻结婚后天天闹矛盾，最后去见大名鼎鼎的心理学家米尔顿·艾立克森。听罢双方滔滔若江河的抱怨，米尔顿说了一句话："你们当初结婚的目的就是为了这无休无止的争吵抱怨吗？"那对夫妻听了顿时无语。据说后来重新恩爱似蜜。

　　现实中，大多数人都觉得抱怨是很好的发泄工具，在受到挫折或面临困难的时候，放松自己的心情，然而，我们往往忽略了这种情绪对自己的严重影响。

　　抱怨是痛苦、失败的起点，因为抱怨就是希望得到别人的同情，不想检讨自己的缺失，不想寻求改善之道。更何况抱怨时必然批评、指责、谩骂不断，别人必然也不会回应好话，以至造成人际关系不和谐，陷入痛苦的深渊。人际关系不好，自己又不寻求改进，只是一味指责别人，推卸责任，必然会走向失败。

　　抱怨，只能使自己过得更是疲惫。有这样一个故事：朴斯生活在城市里，但是生活即使舒适，有时还是会感觉没有事情可做；即使忙碌，但也觉得空虚；有快乐，也有彷徨，有希望，也有失望，总是难得如意。因此寻访乡间成了他解决烦恼的一种途径。乡间正值丰收季节，田垄上堆着稻子，农人提着镰刀，松松斗笠，用毛巾擦着汗，嬉笑地走向冒着炊烟的家。朴斯和一位老者在树下搭讪，老者淳朴而友善。老者说："我们感觉快乐是因为我们能够适应田间的生活，而且喜欢它。我很乐观，我对生活不曾抱怨过，我吃自己种的蔬菜和水果，觉得那是世上最好的食物。"朴斯若有所悟地点了点头。

不要埋怨生活。幸福不是一个固定的模式，幸福是自己在生活中感悟出来的。在生活中难免会遇到这样或那样的不如意，要理性地对待自己的生活，保持一颗平常的心。

埋怨是成功的坟墓。我们应该少些埋怨，不要再让埋怨充斥我们的生活。我们要冲出怨天尤人的怪圈，走向美好，走向成功。

魔力悄悄话

在现实生活中，没有什么是一成不变的。如果你不能适应生活，不能调整心态，你永远只会抱怨，永远都会有烦恼。你要相信：一切都会变好的，我们的生活是美好的，我们要乐观地对待生活，充满自信的挑战生活。不要让埋怨充斥我们的生活，生活对每个人来讲都是一样的！

战胜自卑

自卑是一种消极的自我评价或自我意识。在心理学中，自卑属于性格上的一个缺陷。自卑是一种低劣的心理，是一种消极的心理状态，是实现理想或某种愿望的巨大心理障碍。自古以来，多少人为自卑而深深苦恼，多少人为寻找克服自卑的方法而苦苦寻觅。

自信是每个人走向成功所必需的第一要素。如果一个人建立了自信，那么，他就已经向成功的大门迈入了第一步。自信是个人不断成熟的标志。一个成熟的人便是改变了、超越了家庭——童年负面的认知与感觉的人，能认清自己，能把握自己，能相信自己。他也就是一个不再自卑、对社会不再恐惧的人。自信会使人创造奇迹。

一个自卑的人在生活中会表现得畏畏缩缩，前怕狼后怕虎，总认为自己比别人差，并因此而苦恼，不善于和人交际，也不善于表现自己以引起公众的注意。对于自卑者，他们事事回避，处处退缩，不敢抛头露面，害怕当众出丑。它能够导致一个人颓废落伍，产生心理扭曲。莎士比亚说过："自信是成功的第一步。"著名的心理专家思源先生认为，人生成功的第一大敌就是自卑。因此，你若想成大事，就必须先战胜自卑，跨越人生这道最大的坎。

1951 年，英国有一位名叫富兰克林的人，从自己拍得极好的 DNA （脱氧核糖核酸）的 X 射线衍射照片上发现了 DNA 的双螺旋结构，他就这一发现做了一次演讲。然而由于生性自卑，又怀疑自己的假说是错误的，从而放弃了这个假说。1953 年在富兰克林之后，科学家沃林和克里克，也从照片上发现了 DNA 的分子结构，提出了 DNA 双螺旋结构的假说，从而标志着生物时代的到来。二人因此而获得了诺贝尔医学奖。可想而知，如果富兰克林不是自卑，而坚信自己的假说，进一步进行深入研究，这个伟大的发现肯定会以他一个人的名字载入史册。

由此我们可以看到，一个人如果做了自卑情绪的俘虏，是很难有所作为的。

愚者自卑的理由很多，如没有比尔·盖茨有钱，没有奥尼尔的强壮和姚明的身高，没有爱因斯坦的智慧……甚至连微不足道的缺陷也成了他们极大的心病。

自卑感的存在使愚者看不到自己的优势，没有信心，进而悲观失望，不思进取。假如一个人陷入自卑的深渊，那么他就会受到严重的束缚，聪明才智便无法发挥。所以自卑是人生迈向成功的绊脚石。

一天，一个非常高傲的武士，前来拜访禅宗大师。他本是一个出色且颇具威名的武士，但当他看到大师俊朗的外形，优雅的举止，猛然自卑起来。

他对大师说道："为什么我会感到自卑？仅仅在一分钟前，我还是好好的。但我刚跨进你的院子，便突然自卑起来。以前，我从没有过这种感觉。我曾经无数次面对死亡，但从没有感到恐惧，为什么现在感到有些惊恐了呢？"

大师对他说："你耐心地等一下，等这里所有的人都离开后，我会告诉你答案。"

在这一天里，前来拜访大师的人很多，武士等得心急火燎。到了晚上，房间里才空寂起来。武士急切地说道："现在，您可以回答我了吧？"大师说："到外面来吧。"这是一个满月的夜晚，刚刚冲出地平线的月亮发出皎洁的光辉，大师说道："看看这些树，这棵树高入云端，而它旁边的这棵还不及它的一半高，它们在我的窗外已经存在好多年了，从没有发生过什么问题。这棵小树也从没有对大树说：'为什么在你面前我总感到自卑？'一个这么高，一个这么矮，为什么我却从来没有听到抱怨呢？"武士答道："因为它们不会比较。"大师说道："那么你就不需要问我了。你已经知道答案了。"由此可见，自卑源于比较。有的人，总是认为自己不如别人，人不可能在各方面都非常优秀，比较是很容易导致自卑的，越比较，越自惭形秽，样样事情变得杯弓蛇影，就算再有尝试的机会也裹足不前，士气、勇气、志气化为乌有，人会变得消沉，停滞不前。每个人都或多或少在某方面都存在一定的缺陷，就是那些伟人也毫不例外，甚至他们的缺陷可怕得很呢！拿破仑的矮小、林肯的丑陋、罗斯福的小儿麻痹、丘吉尔的臃肿，哪一样不令人痛不欲生？可他们却拥有辉煌的一生。

自卑是自信的反面。自卑人生是扬不起风帆的航船，总是在生活的岸边徘徊；自卑的人总是小心翼翼，不敢向生活挑战。他们总是有一种自不如人的感觉，过多地看到自己的弱点，并把这些弱点看作是致命的，永远不可克服的，决定自己一生的。无论做什么事，他们第一个概念就是："成功不了怎么办？"

日本某大公司招聘职员，有一应聘者面试后等待录用通知时一直惴惴不安。等了好久，该公司的信函终于寄到了他手里，然而打开后却是未被录用的通知。这个消息简直让他无法接受，他对自己的能力失去了信心，无心再去求职，于是服药自尽。

幸运的是，他并没有死掉，当他刚刚抢救过来时，他又收到该公司的一封致歉信和录用通知，原来电脑出了点差错，他是榜上有名的。这让他十分惊喜，急忙赶到公司报到。

但公司主管见到他的第一句话是：

"你被辞退了。"

"为什么？我明明拿着录用通知。"

"是的，可是我们也是刚刚才得知你自杀的事，我们公司不需要因小事而轻生的人。"

这次这位应聘者彻底的失去了这份工作，我们可以看到，因为他对自己的能力没有正确评价，偶然受了点打击便轻视自己，对未来不抱有希望，这是心理极度脆弱和自卑的表现。他没有想到自己失去工作，不是失去在严格而苛刻的公司经理的考题上，也不是败给实力不俗的竞争对手，而是自卑，挡住了自己梦寐以求的发展道路。

自卑是人生绊脚石，踢开这块绊脚石，努力进取、拼搏，明天才不再有今日的贫穷、无知和卑微。

因此，不甘自卑，发愤图强，积极补偿，是医治自卑的良药。心理补偿是一种使人转败为胜的机制，如果运用得当，将有助于人生境界的拓展。但应注意两点：一是不可好高骛远，追求不可能实现的补偿目标；二是不要受赌气情绪的驱使。只有积极的心理补偿，才能激励自己达到更高的人生目标。

失败的人不要气馁，成功的人也不要骄傲。成功和失败都不是最终的结果，只是人生过程的一个事件、一段经历。在我们这个世界上，不会有永恒成功的人，也没有永远失败的人。一个人若想要爬上那座更高、更大的山，就必须有自信，就不能走自卑之路。

魔力悄悄话

从自卑中站起的人不会再畏惧挫折和失败。从自卑中走过的人清楚自己的所得所失。超越自卑就是不沉湎其中被自卑左右，超越自卑就是正视自身的缺陷和不足，补偿缺憾，昂起头努力去做，把心之所向当作阶段性目标，为之付出，为之奋斗，保有自尊，而且永不自满。给自己充分的自信，勇敢地战胜自卑吧！要相信自己是一个优秀的人，别把自己看得太低。

骄傲是失败之父

骄傲是谦虚的对立面，是前进的大敌，是失败的阴影，是成功的特种病，是英雄头脑中的恶性肿瘤，是天之骄子的命运克星。人越是成功，就越容易染上这种病，而一旦沾染，很少有人能够不失败。一个人的成绩都是在他谦虚好学、扑下身子实干的时候取得的。当他什么时候骄傲了，自满自足了，那么他就必然会停止前进的脚步。

有人认为世界上著名的发明家爱迪生是得天独厚的天才。可是爱迪生不承认自己是什么无师自通、不学自明的天才。他说：天才是百分之一的灵感，百分之九十九的汗水。他有时一天工作 20 多个钟头，还嫌工作的时间太少。遗憾的是，爱迪生晚年变得骄傲自恃了，甚至对手下人说："不要向我建议什么，任何高明的建议也超不脱我的思维。"这样他就堵塞了智慧的源泉，丧失了前进的动力，也就不再有新的重大的发明。这就生动地表明，无论怎样有才能的人物，只要骄傲自满了，他就束缚了自己，停滞不前了。

有一位名人曾经说过：骄傲的人永远孤独。大凡骄傲者都有点本事。这种说法也不是没有一点依据。一个人有一点能力，做出一点成绩，产生一点骄傲情绪，也不是不可理解的。有了成绩和进步，人们都会产生一种满意和喜悦的心理，这是无可非议的。但是，如果这种"满意"发展成为"满足"，"喜悦"变成了"狂妄"，从此目中无人，那就糟了。这样使已取得的成绩和进步，将不是通向新胜利的阶梯，而是成为继续前进的包袱和绊脚石。

有一句话叫"失败是成功之母"，如果要添下半句，我们可以说

"骄傲是失败之父"。失败和成功是一对矛盾，人在失败时，会对自己看得很清楚，从失败中找教训，找差距，迎头赶上，最终取得成功。而在成功时，有时会被胜利冲昏头脑，看不清自身存在的不足，骄傲自满，从而导致失败。

龟兔赛跑的寓言大家肯定都听说过，兔子骄傲自满，本可以轻松取胜的一场比赛，却由于一场懒觉而终告失败。历史上因为骄傲导致失败也有很多。比如说三国时的关羽关云长。

关羽，大家都熟识的名字，他文武双全，深受人们的爱戴，是一个传奇天神式人物。可是他就是有一个骄傲自满的大毛病。东吴的陆逊和吕蒙就利用了他"倚恃英雄，自料无敌"的弱点，设下了"骄其心，懈其备"以取荆州的巧计。他们安排老将吕蒙装病，由无名的年轻人陆逊当主帅。陆逊还派人故意低三下四地给关羽送礼。关羽看不起年轻的陆逊，又没有识破东吴的计策，很快把镇守荆州的兵调走一半，防备也松懈了，使陆逊和吕蒙轻而易举地夺取了荆州。按关羽的智力和英勇，不应当被年轻的陆逊所打败，也不至于连个易守难攻的荆州都保不住。然而，聪明反被聪明误，骄傲把他引向了失败。

在《三国演义》中有一回叫"马谡拒谏失街亭"。马谡深知兵法，曾很多次献计谋给诸葛亮，他是一个深受诸葛亮器重的战将。那么他为什么失败了呢？最重要的是失败在"拒谏"二字上。大敌当前，马谡不听诸葛亮对敌情和战斗的正确意见，自负地说："某自幼熟读兵书，颇知兵法，岂一街亭不能守？"

马谡为什么丢失了战略要地街亭呢？并不是他不知兵法、平庸无能，而是在于他拒绝接受副将王平的正确意见。当王平据理力争时，他大发脾气，飞扬跋扈地把王平的意见顶了回去。就这样，刚愎自用的马谡失掉一次又一次纠正错误的机会，不仅破坏了诸葛亮进军中原的大计，而且他本人也落个身败名裂、贻笑千古的罪名。

还有李自成农民起义军，在他刚进入北京时，深受民众的热烈拥护，人人手持香火站在门口迎接，家家户户门上贴着"顺民"，写着

"永昌元年，顺天王万万岁"。但李自成的军队进城后，部队纪律迅速失去了控制，奸淫抢掠一片混乱。当李自成受挫于山海关，又在清军追赶下撤离北京时，百姓已经对其恨之入骨了，老百姓搬出床桌等物，把巷口堵住，有的干脆拿棍子打他们。李自成的军队从进京到撤离，仅仅40天，失败得这么快，实在令人震惊。

巴甫洛夫曾经说过："不要被骄傲所征服。骄傲会使你拒绝有益的劝告和友好的帮助。骄傲会使你失去客观的标准。"凡是骄傲自满的人没有不失败的，所以，我们要谦虚谨慎、戒骄戒躁。正因为骄傲可以导致失败，所以，古今中外的兵家常常利用对方的骄傲情绪，或促使对方骄傲麻痹起来，然后战而胜之。

有一颗与众不同的树种，被选了出来，要种在一片荒漠的土地上。

"一颗多么优秀的树种啊，你应该为此感到骄傲。"人们赞美道。

"是的，我有资格骄傲!"树种大声地说。

树种发芽了，它长势良好，隆冬酷暑、狂风暴雨，但是都不能摧毁它。

"多么坚强的一棵小树啊，你应该为你自己骄傲。"人们赞美道。

"是的，我很骄傲!"小树大声地说。

小树长大了，它枝繁叶茂，高人云端。

"多么高大的一棵树啊，你应该为此骄傲。"人们赞美道。

"我已经是一棵最大的大树了，我非常骄傲!"大树高声地喊道。

可就在此时，一个霹雷打过，将这棵大树劈成了两半。

从这个故事联想到我们人类：凡骄傲自满的人，没有不失败的。骄傲自满是浮躁的一个重要表现形式，骄傲自满是要不得的，它会导致盲目自信，甚至不思进取。所以，我们要谦虚谨慎，戒骄戒躁。

古人讲"历览古今多少事，成由谦虚败由奢""骄傲自满必翻车"。什么时候骄傲自大，自满自足，那么他就会停止前进的脚步。"虚心使人进步，骄傲使人落后"，这是被历史一再证明了的颠扑不破的真理。只有不断克服骄傲自大的缺点，才能培养谦虚的美德。

"满招损，谦受益"。只有谦虚的人才会经常发现自己的不足，不断得到各方面的指导和帮助，使自己不断进步。山不辞石固能成其高，海不辞水方能成其深。科学家牛顿在听到有人称赞时，曾说："在我自己看来，我只不过是在海边玩耍的小孩，为不时发现比寻常更美丽的贝壳而沾沾自喜，而对于我面前浩瀚的大海，却全然没有发现。"牛顿定律的确立，万有引力的发现，微积分的创建，他毕生不懈，却毫不满足。巴西球员贝利在每次进球后，当别人问他哪个球踢得最漂亮时，他总说："下一个!"最终获得"球王"的称号。正如别林斯基所说："一切真正伟大的东西，都是最淳朴而谦逊的。"有真才实学的人往往虚怀若谷，谦虚谨慎；而不学无术、一知半解的人却常常骄傲自大，好为人师。谦虚是一种品德，是进取和成功的必要前提。

魔力悄悄话

"谦虚使人进步，骄傲使人落后。"话虽老，但今天仍有不少人不解其真正含义。列宁说："真理再向前走一步就变成了错误。"自信是好的，自负却是人生不断前进的绊脚石。你可以自信，但不可以自负。骄傲是灵魂之敌，我们只有冲破自负、自满的雾霾，才能鸣响人生航船前进的汽笛。